... und andere Großschmetterlinge

Zu den rund 2000 heimischen Großschmetterlingen werden neben den Tagfaltern die **Spanner**, die **Eulen**, die **Schwärmer**, die **Spinnerartigen** und die **Widderchen** gezählt. Die Spanner heißen so, weil sich ihre Raupen wegen des Fehlens der vorderen Bauchbeine mit einem auffallenden „Katzenbuckel" fortbewegen, die Schwärmer tragen ihren Namen wohl wegen ihres außerordentlich guten Flugvermögens und die Spinner wegen ihrer stark entwickelten Spinndrüsen.

Die meisten Arten der Spanner, Eulen, Schwärmer und Spinner sind nachtaktiv und entziehen sich dadurch und wegen ihrer unscheinbaren Färbung weitgehend unserer Beobachtung. Oft sind aber unter den tarnfarbenen Vorderflügeln grellbunte Hinterflügel verborgen. In dieser als „Nachtfalter" bezeichneten Gruppe finden sich eine Reihe von Arten, die teilweise oder ausschließlich tagaktiv sind.

Spanner ⇨ Seite 30–41

Eulen ⇨ Seite 42–55

Schwärmer ⇨ Seite 56–65

Spinnerartige ⇨ Seite 66–96

Widderchen ⇨ Seite 96–103

Kleinschmetterlinge

Die Großschmetterlinge stellen aber längst nicht alle heimischen Falterarten. Ihnen steht eine ähnlich große Zahl an **Kleinschmetterlingsarten** gegenüber. Hier handelt es sich um ursprüngliche, vorwiegend sehr kleine und meist nachtaktive Falter, die uns allgemein als „Motten" bekannt sind. Einige von ihnen sind bedeutende Schädlinge, wie etwa die Kleidermotte oder die Dörrobstmotte. Nur wenige Arten zeigen spektakuläre Fraßbilder, die tatsächlich für die Pflanze bedrohlich sind, wie etwa bei Gespinsten der Traubenkirschen-Gespinstmotte. Es gehören aber auch herrlich bunte Arten wie der Prachtwickler oder vollkommen bizarre Gestalten wie etwa das Federgeistchen hinzu.

Kleinschmetterlinge ⇨ Seite 18–29

Wie überstehen Schmetterlinge den Winter?

Wenn es draußen kalt wird und die Tage deutlich kürzer werden, stellt sich die Natur auf den Winter ein. Die Tiere verkriechen sich in Unterschlüpfe oder fallen in Winterstarre.

Und die Schmetterlinge? Auch sie haben vielfältige Mechanismen entwickelt, um die lebensfeindliche Zeit zu überstehen. Neben physiologischen Tricks wie der Einlagerung von Glycerin in die Gewebe vor allem bestimmte Verhaltensweisen, zum Beispiel der Bau von Blatthüllen (siehe unten) oder das Wandern an wärmere Orte. Überwintern können Schmetterlinge mit jedem ihrer vier Entwicklungsstadien, abhängig von der jeweiligen Art.

Überwintern im Ei

Viele Schmetterlingsarten überwintern als Ei, meist direkt an ihrer Futterpflanze. Häufig sind die Gelege von einer wärmenden Schutzschicht überzogen, etwa beim Schwammspinner, dessen Weibchen Teile ihrer Hinterleibsbehaarung mit einem Sekret an den Eiern festkleben. Die Eier anderer Arten findet man völlig frei auf der Pflanze. Wer bei einem Winterspaziergang die kahlen Zweige von Schlehenhecken absucht, wird die etwa 1 mm großen, strahlend weißen Eier des Nierenfleck-Zipfelfalters (⇨ S. 108) entdecken können. Sie sind meist einzeln, manchmal auch zu zweit in der Nähe der Knospen oder in Zweiggabelungen abgesetzt. Auch die übrigen Zipfelfalter (mit Ausnahme des Brombeerzipfelfalters) überwintern in dieser Weise.

... als Raupe

Das Raupenstadium kann ebenfalls der Überwinterung dienen. Während die meisten Raupen sich vor Winterbeginn am Boden oder unter Baumrinde verbergen, bleiben einige frei an ihrer Futterpflanze. Die beiden heimischen Schillerfalter überwintern als Jungraupe auf einem dünnen Gespinstpolster. Während sich die Raupe des Großen Schillerfalters meist in Zweiggabeln der Salweide verbirgt, sitzt die des Kleinen Schillerfalters fast immer direkt neben einer Knospe ihrer Futterpflanze, der Zitterpappel. Die Raupen der drei heimischen Eisvogel-Arten überwintern dagegen in einem speziellen Behältnis, dem Hibernarium. Die Raupe des Kleinen Eisvogels zum Beispiel beißt hierzu die Blattspitze eines Heckenkirschen-Blatts ab und verarbeitet die beiden zurückbleibenden Blattzipfel zu einem länglichen Gehäuse.

... als Puppe

Weit verbreitet ist die Überwinterung als Puppe. Oft imitieren die Puppen dieser Arten dürre Blätter oder Pflanzendornen, wie im Falle des Aurorafalters. Manchmal, wie etwa beim Schwalbenschwanz, ist auch zu beobachten, dass Puppen, die noch im gleichen Jahr schlüpfen, grün gefärbt sind, während

Heiko Bellmann

STEINBACHS NATURFÜHRER

SCHMETTERLINGE

Herausgegeben von Gunter Steinbach

425 Farbfotos
103 Zeichnungen

Inhalt

Einführung

NATUR AKTIV

Serviceseiten

Unsere Schmetterlinge im Überblick

Fast jeder denkt bei Schmetterlingen sofort an Tagfalter wie den Kleinen Fuchs, das Tagpfauenauge oder den Schwalbenschwanz. Doch die Vielfalt der Schmetterlinge ist ungemein größer.
Die Schmetterlingsarten werden grundsätzlich in Groß- und Kleinschmetterlinge eingeteilt. Diese Zuordnung ist allerdings im Zuge neuerer Erkenntnisse ordentlich durcheinandergeraten. Inzwischen weiß man, dass viele der bislang bei den Großschmetterlingen eingeordneten Familien, wie etwa die Holzbohrer und die Glasflügler, zu den primitivsten Schmetterlingen gehören. Damit sind einige der größten heimischen Falter in Wirklichkeit Kleinschmetterlinge! Um sich in der Mannigfaltigkeit der Farben und Formen nun nicht zu verlieren, ist es hilfreich, die wichtigsten Gruppenmerkmale zu kennen.

Tagfalter ...

Die **Tagfalter** sind zwar die bekanntesten Schmetterlinge, mit ihren rund 170 heimischen Arten stellen sie aber keineswegs deren größte Gruppe dar. Sie sind gut zu erkennen an den am Ende gekeulten Fühlern und natürlich auch an ihrer tagaktiven Lebensweise. Zu ihnen gehören unter anderem die **Bläulinge**, die **Augenfalter**, die **Edelfalter**, die **Weißlinge** und die **Ritterfalter**. Zu den „Tagfaltern im weiteren Sinne“ werden meist noch die **Dickkopffalter** gezählt.
Die Raupen der Tagfalter zeigen recht verschiedene Gestalten und tragen nur selten eine dichte Behaarung. Bei den Puppen lassen sich Stürz- und Gürtelpuppen unterscheiden. Erstere sind mithilfe von Häkchen am Hinterende in einem Gespinstpolster, Letztere sind mit einem um die Körpermitte gelegten Gespinstband an der Unterlage fixiert.

Tagfalter ⇨ Seite 104–181

Gürtelpuppe, als Blatt getarnt

überwinternde Puppen eine bräunliche Färbung zeigen, ganz wie die jeweils vorherrschende Laubfärbung.

... oder als Schmetterling

Nur wenige Falter überwintern ausgewachsen. Tagpfauenaugen suchen hierzu gerne Höhlen, Stollen und feuchte Keller auf. Der Zitronenfalter setzt sich dagegen vollkommen frei an Halme oder Zweige, meist dicht über dem Boden. Hier verharrt er etwa von Oktober bis Februar weitgehend unbeweglich und lässt sich dabei sogar einschneien. Meist erwacht er erst wieder, wenn bereits die ersten Frühblüher Nahrung spenden.

Anderen Schmetterlingen ist es im Winter bei uns zu kalt. Ähnlich wie manche Vögel verbringen sie die frostigen Monate in wärmeren Regionen. Zu diesen Wanderfaltern zählen etwa Admiral und Distelfalter. Sie fliegen jedes Frühjahr aus dem Mittelmeergebiet zu uns, um hier die nächste Faltergeneration hervorzubringen. Zumindest ein Teil der ausgewachsenen Tiere wandert vor Einbruch des Winters zurück in den Süden, die übrigen sterben bei den niedrigen Temperaturen. Nur ganz selten gelingt es einzelnen Admiralfaltern, bei uns den Winter zu überleben.

Zitronenfalter überwintern dank körpereigenem Frostschutzmittel im Freien

Tarn- und Warnkleider von Raupen

Raupen gelten oft als schmucklos oder gar als hässlich, verglichen mit den schönen Schmetterlingen, die später aus den Puppen schlüpfen. Doch ebenso oft werden aus prächtig gefärbten Raupen eher unscheinbare Falter.

Wie erklärt sich dieses so unterschiedliche Erscheinungsbild der Schmetterlingsraupen? Als „Fressstadium" der Schmetterlinge sind sie einem riesigen Heer von Feinden ausgesetzt. Viele der Raupen werden von Vögeln und Käfern gefressen, andere fallen parasitischen Wespen und Fliegen zum Opfer. Um den vielfältigen Gefahren zu entkommen, haben die verschiedenen Arten ganz unterschiedliche Strategien entwickelt, und diese kommen vor allem im Erscheinungsbild der Raupen zum Ausdruck.

Raupe des Großen Eichenkarmins

Gut getarnt ist halb entkommen

Eine Strategie besteht darin, sich möglichst gut zu tarnen. Ein weit verbreiteter Trick ist die Gegenschattierung. Manche Raupen, die dieses Tarnsystem benutzen, sind auf dem Rücken dunkler gefärbt als auf dem Bauch. Hierdurch wird der Schatten, der sich unter ihrem Körper bildet, für unser Auge aufgehoben, und die Tiere erscheinen nicht mehr plastisch, sondern flach. Dadurch sind sie beispielsweise an einem beblätterten Zweig sehr schwer zu erkennen. Da Raupen aber eher auf der Unterseite der Zweige sitzen, ist bei den meisten Arten nicht der Rücken, sondern der Bauch verdunkelt. Die Raupen der zu den Eulenfaltern zählenden Ordensbänder (zu denen zum Beispiel das Große Eichenkarmin gehört) gehen noch einen Schritt weiter. Mit ihrer etwas höckerigen Körperoberfläche und ihrer Färbung bilden sie exakt die Zweige ihrer Futterpflanzen nach. Zudem haben sie an den Seitenrändern ihres abgeflachten Körpers eine dichte Reihe dicker Borsten, die sie vollkommen mit ihrer Unterlage verschwimmen lassen. Naturfreunde müssen daher schon sehr genau hinschauen, um sie im Freiland zu entdecken. Andere Raupen schließlich tarnen sich durch eine ganz absonderliche Gestalt. So nimmt die Raupe des Zickzackspinners in den Ruhepausen eine stark gekrümmte Haltung ein, die gar nicht mehr an die typische Raupenform erinnert. Ein Vogel wird eine solche Raupe womöglich verschmähen, da sie im Aussehen nicht seinem Beuteschema entspricht.

Warnung ist die beste Verteidigung

Eine andere Gruppe von Raupen zeigt sich dagegen in ausgesprochen auffälligem Kleid. Ein derartiges Erscheinungsbild ist meist als Warnung gegenüber einem Angreifer zu verstehen. Denn viele Raupen haben wirksame Abwehrmaßnahmen ergriffen. So nehmen die wespenartig gelb-schwarz geringelten Raupen des Blutbären und die grellbunt gefleckten Raupen des Wolfsmilchschwärmers mit ihrer Nahrung gefährliche Giftstoffe auf und lagern sie in ihrem Körper ab. Ein Vogel, der einmal eine solche Raupe zu fressen versucht hat, wird diese unangenehme Erfahrung nicht so schnell vergessen und beim nächsten Mal die grell gefärbten Tiere meiden. Andere Raupen schützen sich mit einer dichten, bürstenartigen Behaarung, manche sogar mit Brennhaaren. Die Raupe des Großen Gabelschwanzes wiederum präsentiert bedrohlich wirkende Scheinaugen und eine Schwanzgabel mit leuchtend rot gefärbten, fadenartigen Fortsätzen, die sich zitternd bewegen. Sie kann, wenn ein Angreifer sie nicht in Ruhe lässt, diesem aus einer Spalte unter dem Kopf einen Sekretstrahl mit Ameisensäure entgegenspritzen.

„Komm mir nicht zu nahe, sonst spritze ich Säure!“

Wichtige Fachbegriffe

Antennen Fühler, Geruchsorgane der Schmetterlinge, bei vielen Männchen fein gefiedert und dadurch besonders geeignet zum Erkennen geringster Duftspuren. Ein vom paarungsbereiten Weibchen abgegebener Lockduft kann manchmal über eine Entfernung von mehreren Kilometern wahrgenommen werden

Augenfleck Zeichnung in Form eines Auges, das meist zur Abschreckung von Fressfeinden dient

Art Gesamtheit der Individuen, die sich auf natürliche Weise uneingeschränkt untereinander fortpflanzen und in allen typischen Merkmalen untereinander und mit ihren Nachkommen übereinstimmen

Basalfleck Zeichnung an der Basis des Flügels

Duftschuppen besondere Schuppen auf den Flügeln von Schmetterlingen; dienen zur Verdunstung von Sexuallockstoffen (Pheromonen)

Augenflecke

Gattung systematische Kategorie zwischen Art und Familie, in der einander ähnliche Arten zusammengefasst werden. Das erste Wort des wissenschaftlichen Namens ist der Gattungsname

Gürtelpuppe Puppe, die durch einen Gespinstfaden auf Höhe der Körpermitte z. B. mit einem Zweig verbunden ist; der Kopf ist dabei nach oben, nach unten oder zur Seite gerichtet

holometabole Insekten Insekten, bei denen eine vollständige Verwandlung mit einem Puppenstadium stattfindet

Imago „ausgewachsenes" Insekt, z. B. der Schmetterling nach den Stadien Raupe (Larve) und Puppe

Kokon aus Spinnfäden hergestellte Schutzhülle, mit der sich viele Raupen vor der Verpuppung umgeben; besteht aus dem erhärtenden Sekret, das von den Spinndrüsen abgegeben wird. Die Kokons der Seidenspinnerraupe liefern Seide

Metamorphose gestaltliche Verwandlung von der Insektenlarve zum fertigen Insekt (⇨ Imago)

Mimikry des Birkenspanners

Metamorphose eines Tagpfauenauges

Mimese Nachahmung belebter oder unbelebter Teile der Umgebung (z. B. Blätter, Dornen oder Steine) zum Zwecke der Tarnung

Mimikry farbliche oder gestaltliche Nachahmung wehrhafter oder durch unangenehmen Geschmack geschützter Tiere durch solche, denen dieser Schutz fehlt

Parasit Tierart, die eine andere Art, den Wirt, als Nahrungsquelle, als Lebensraum oder zur Jungenaufzucht nutzt und dadurch mehr oder weniger stark schädigt, normalerweise aber nicht tötet

Puppe Zwischenstadium bei zahlreichen Insekten, bei dem in äußerer Ruhe innerlich große Umbauprozesse zur Ausbildung des fertigen Geschlechtstieres (der Imago) stattfinden

Querbinde farbiger Streifen quer über dem Flügel

Randbinde farbiger Streifen entlang des Flügelrandes

Stürzpuppe nach unten hängende, frei baumelnde Puppe, die mit Häkchen in einem Gespinstpolster verankert ist

Hornissenglasflügler tragen Warntracht.

vollständigeVerwandlung ⇨ Metamorphose

Warntracht Farb- und Zeichnungsmuster von wehrhaften Tieren und solchen mit Giften, wirkt auf potenzielle Fressfeinde abschreckend

Winkelflecken Zeichnung in Form eines Winkels oder eines Dreiecks

Musterung des Eulenflügels

Eulenflügel (Schema)

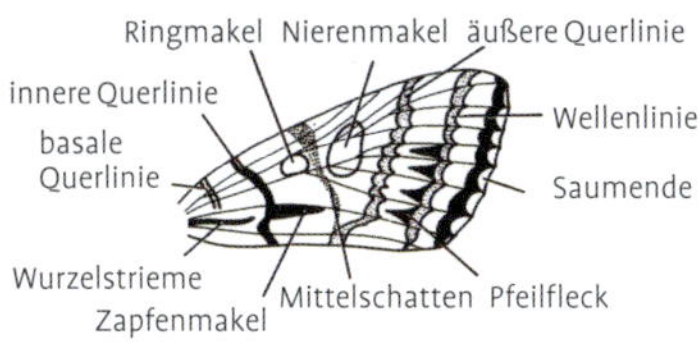

NATUR **AKTIV**

Schmetterlinge entdecken und beobachten

Schmetterlinge sind fast in allen Lebensräumen anzutreffen. In Wäldern und auf Wiesen ebenso wie in Moorgebieten und im Siedlungsraum erfreuen sie uns durch ihre Farbenpracht.

Der **Vielfalt** nachgespürt

Schmetterlinge können Sie in allen möglichen Lebensräumen gut beobachten. Sehr artenreich sind erfahrungsgemäß zum einen blütenreiche Wiesen, zum andern solche Gebiete, in denen verschiedene Lebensraumtypen aneinandergrenzen, etwa naturnahe Waldränder mit benachbarten Trockenrasen. Als artenreichste Schmetterlingsgebiete gelten erstaunlicherweise aber nicht **Naturlandschaften,** sondern Gebiete, die deutlich **vom Menschen geprägt** sind. So werden Sie auf stillgelegten Bahnflächen oder auch an Steinbrüchen mit umgebendem Magerrasen eine besonders große Vielfalt an Schmetterlingen finden können. Am artenreichsten sind in Mitteleuropa die sogenannten Mittelwälder. Durch eine spezielle Bewirtschaftungsform entsteht dort ein buntes Mosaik unterschiedlich weit entwickelter Waldparzellen, das zahl-

Ein Paradies für Schmetterlinge – der Mittelwald

reichen Schmetterlingsarten ein Zuhause bietet. Diesen Waldtyp kann man heute beispielsweise noch im mittleren Bayern finden.

Wo finde ich welchen Schmetterling?

» Im Garten: **Admiral**, **Tagpfauenauge** und **Kleiner Fuchs** sind häufig in unseren Gärten zu sehen. Doch ihre Raupen fehlen leider in unseren „ordentlichen" Gärten, denn sie fressen nur an Brennnesseln und kommen daher mehr in Ödlandbereichen vor. **Schwalbenschwanz** und **Großer Kohlweißling** dagegen ernähren sich schon im Raupenstadium von Kulturpflanzen. Die Schwalbenschwanzraupe frisst etwa Dill und Möhren, die Raupen des Kohlweißlings mögen bekanntermaßen Kohlarten, aber auch Kapuzinerkresse.

Der Schwalbenschwanz besucht auch Gärten.

» Am Waldrand: **Zitronenfalter**, **Nierenfleck-Zipfelfalter**, **C-Falter**, **Brauner Bär**, **Großes Ochsenauge** und **Brauner Waldvogel** schätzen den Halbschatten und die Pflanzen der Waldsäume. Schon wenige Schritte von Straße oder Parkplatz entfernt sind sie aufzuspüren.

NATUR TIPP

Der eigene Schmetterlingsgarten

Sie können aber auch versuchen, Ihren eigenen Garten für Schmetterlinge attraktiver zu gestalten. Wichtig hierfür ist zunächst einmal, keinerlei Gift einzusetzen und die als „Unkräuter" verunglimpften Wildkräuter wenigstens an einigen Stellen wachsen zu lassen. An Brennnesseln etwa können sich die Raupen einer ganzen Reihe verschiedener Falter entwickeln, zum Beispiel die von Admiral, Tagpfauenauge oder Landkärtchen. Weitere beliebte Futterpflanzen für Schmetterlingsraupen sind Himbeere, Johannisbeere, Salweide oder Hornklee.

Zur Beköstigung der Schmetterlinge, die anders als die Raupen auf Nektar angewiesen sind, können Sie gezielt einige Blütenpflanzen setzen. So sind Färberkamille, Kartäusernelke, Kugeldistel, Rittersporn oder zahlreiche Küchenkräuter unter Faltern sehr beliebt. Attraktiv ist auch der bekannte Schmetterlingsflieder. Hier sollten Sie allerdings bedenken, dass diese fremdländische Pflanze fast nur für häufige und anpassungsfähige Falterarten geeignet ist. Immerhin kann man daran in der letzten Zeit auch so interessante Schmetterlinge wie den Schwalbenschwanz wieder häufiger beobachten.

Der Wasserdost ist bei vielen Arten beliebt.

» **Im Wald: Kleiner Eisvogel**, **Schillerfalter**, **Kaisermantel**, **Landkärtchen** und **Waldbrettspiel** bevorzugen schattige Plätze auf Bäumen, Sträuchern oder krautigen Pflanzen am Waldboden.

» **Auf Trockenrasen:** Hier finden sich besonders viele verschiedene Lebewesen. Diese trockenen und nährstoffarmen (und leider immer seltener werdenden) Lebensräume sind in unseren Breiten die artenreichsten überhaupt und werden deshalb auch die „Hotspots der Biodiversität" genannt. Nicht selten finden sich in einem Gebiet schon fünf verschiedene **Widderchen-Arten**. Außerdem sind **Wolfsmilchschwärmer**, **Schachbrettfalter**, **Kleines Nachtpfauenauge**, **Silbergrüner** und **Gewöhnlicher Bläuling** und **Distelfalter** typisch.

» **Auf Feuchtwiesen:** In sehr feuchten und offenen ungedüngten Lebensräumen kommen neben dem **Aurorafalter** auch **Rotrandbär**, **Kleiner Ampferfeuerfalter** oder **Goldener Scheckenfalter** gebietsweise noch häufig vor. Regelmäßig findet man sie zum Beispiel noch im Bereich der sogenannten Streuwiesen am Rand von Mooren.

Häufig oder selten?

Oft wird berichtet, dass Schmetterlinge überall zurückgehen und vielerorts sogar schon ganz verschwunden sind. Solche pauschalen Aussagen treffen aber nur teilweise zu. Gefährdet sind vor allem Arten mit sehr speziellen Standortansprüchen, etwa solche, die nur in **bedrohten Lebensräumen** wie Mooren oder Feuchtwiesen vorkommen. Andere Arten hingegen kann man immer häufiger bei uns beobachten, beispielsweise die aus Südeuropa einfliegenden Wanderfalter, die von den für sie **günstigen Klimabedingungen** der letzten Jahre profitieren. Auch hängen Zahl und Vielfalt der Schmetterlinge, die Ihnen auf Ihren Streifzügen durch die Natur begegnen werden, von der Art des jeweiligen Lebensraumes ab.

Was ist ein **Schmetterlingsjahr?**

Vielleicht ist Ihnen schon einmal aufgefallen, dass Schmetterlinge in bestimmten Jahren besonders häufig sind, in anderen dagegen ziemlich rar. Manchmal hängt das einfach mit der unterschiedlichen Witterung zusammen. Oft ist aber auch ein besonderes Phänomen dafür verantwortlich, der **Massenwechsel.** Darunter versteht man die meist in regelmäßigen Abständen auftretende starke Vermehrung der Schmetterlinge. Zeitversetzt folgt dem ein ähnlicher Anstieg bei den **Parasiten.** Diese dezimieren die Falter nun, sodass deren Häufigkeit wieder sinkt, bis schließlich auch die Parasiten selten werden und sich der ganze Vorgang wiederholen kann.

Hier fühlen sich Falter wohl: Standort mit vielen bunten Wildkräutern.

Die eigene Schmetterlings-sammlung

Das Fangen von Schmetterlingen ist nicht ganz zu Unrecht aus der Mode gekommen und für viele Falter in Deutschland sogar gesetzlich verboten. Dennoch gibt es eine Möglichkeit, die schönen Tiere für sich zu „sammeln".

Schmetterlingssammlungen

Auch heute noch sind Schmetterlingssammlungen sinnvoll und sogar notwendig, denn oftmals kann man Arten, die einander sehr ähnlich sind, nur anhand von präparierten Tieren sicher unterscheiden. In vielen Fällen können uns die Präparate zudem **interessante Erkenntnisse** zum Beispiel über Bestandsentwicklungen geben. Ein Sammeln nach rein ästhetischen Gesichtspunkten, vergleichbar mit dem Sammeln von Briefmarken oder Bierdeckeln, ist dagegen nicht mehr zeitgemäß; es wäre angesichts des immer weiter voranschreitenden Artensterbens inzwischen auch gar nicht mehr zu verantworten. Dafür gibt es in der heutigen Zeit andere Möglichkeiten, sich dieser interessanten Tiergruppe zuzuwenden, sodass der Schmetterlingsfreund auch auf seine Kosten kommen kann, ohne den Tieren zu schaden.

Lebendig „im Kasten"

Schmetterlinge mitnehmen, ohne ihnen ein Bein zu krümmen? Die digitale Fotografie macht's möglich! Schon mit einer kleinen **Kompaktkamera** können Sie im Makromodus eine gute Bildqualität erzielen und ein lebendiges Porträt Ihres tierischen Fotomodells erhalten. Eine kurze Bildsafari zu den Schmetterlingsblumen im Garten oder einer distelreichen Waldlichtung liefert häufig bereits eine Menge ansprechender Motive. Wer die Falter sogar bei interessanten Verhaltensweisen wie Schlupf, Nahrungsaufnahme oder Balzflug ablichten oder ihre winzigen Eier formatfüllend ins Bild holen möchte, stellt sich größeren Herausforderungen der Fotografie. Hierfür sind die modernen Kompaktkameras zwar ebenfalls bedingt geeignet, speziell bei den sehr kleinen Motiven werden Sie aber schnell feststellen, dass man nur mit **digitalen Spiegelreflexkameras** und entsprechendem Zubehör wie **Makroobjektiv** und **Makroblitz** zu wirklich überzeugenden Ergebnissen kommt.
Auf Speicherchip und Festplatte ge-

Schmetterlingseier groß abbilden – das schafft nur ein Makroobjektiv.

Langsam heranpirschen ist wichtig, sonst flattert das Motiv gleich weg.

bannt, können Sie die farbenfrohen Tiere nicht nur zu jeder Jahreszeit betrachten, sondern auch in aller Ruhe bis auf die Art bestimmen. Wenn Sie einmal Rat brauchen, helfen Ihnen Liebhaber in Internetforen gerne weiter oder bestätigen Ihnen Ihre Bestimmung.

Ein digitales **Archiv**

Ein digitales Archiv, das nach den Kapiteln dieses Buchs in Dateiordnern gegliedert ist, hilft Ihnen, die Fotos **übersichtlich** zu **verwalten.** Innerhalb dieser Gruppen können Sie noch weitere Kategorien bilden, ob systematische (nach Familien, Gattungen und Arten) oder frei nach Ihrem Belieben (sinnvoll sind zum Beispiel Fundorte, bestimmte Fraßpflanzen, Farben oder Entwicklungsstadien). Da sich Digitalbilder **beliebig oft** und ohne Qualitätsverlust kopieren lassen, kann man die gleichen Bilder problemlos an verschiedenen Stellen **einordnen,** etwa in eine systematische Kategorie und zugleich untergliedert nach Fundort oder Fraßpflanze.

NATUR **TIPP**

Helfen Sie mit!

Wer seine Schmetterlingsbeobachtungen dem Naturschutz zur Verfügung stellen will, kann sich an Forschungsprojekten beteiligen, etwa dem Tagfalter-Monitoring Deutschland (TMD). Die von Freiwilligen bei Wanderungen entlang bestimmter Routen gesammelten Daten werden im TMD zentral erfasst und zu Bestandskarten zusammengeführt. Alle notwendigen Informationen zum Mitmachen finden sich auf www.tagfalter-monitoring.de und können beim Helmholtz-Zentrum für Umweltforschung – UFZ angefordert werden (Anschrift: Tagfalter-Monitoring Deutschland (TMD), UFZ, Theodor-Lieser-Str. 4, 06120 Halle).

Urmotte

Micropterix calthella · Familie Urmotten

Flügel einfarbig grüngolden, Stirn mit gelbem Haarschopf. 🦋 Mai–Jun

Spannweite 7–10 mm; sehr klein.
Vorkommen Auf feuchten Wiesen und Lichtungen; fast überall ziemlich häufig.
Wissenswert! Die Urmotten besitzen als urtümlichste Schmetterlinge noch funktionsfähige Kiefer. Man findet sie auf Hahnenfußblüten, wo sie vom Pollen fressen. Hier findet auch die Paarung statt. Die unscheinbar grauen, bis zu 4,5 mm langen Raupen leben am Boden und ernähren sich von verschiedenen Pflanzen.

Skabiosen-Langhornmotte

Nemophora metallica · Fam. Langhornmotten

Vorderflügel messingfarben, ohne Zeichnung. Fühler beim ♀ (Bild) von 1,5-facher, beim ♂ von 3-facher Flügellänge. 🦋 Jun–Aug

Spannweite 15–20 mm.
Vorkommen Trockenrasen, blütenreiche Wald- und Wegränder; nicht selten.
Wissenswert! Die tagaktiven Falter sitzen oft paarweise auf den Blütenköpfen von Skabiosen oder Witwenblumen. Hier entwickeln sich anfänglich auch die Raupen. Später gehen sie auf den Boden hinab und ernähren sich dort von Pflanzenteilen.

Prachtwickler

Olethreutes arcuella · Familie Wickler

Vorderflügel orangefarben mit ungewöhnlich buntem, feinem Fleckenmuster. 🦋 Mai–Aug

Spannweite 14–18 mm.
Vorkommen An Waldrändern und Gebüschen; nicht selten.
Wissenswert! Der Falter gehört zu den farbenprächtigsten Schmetterlingen. Er ist tagaktiv und sitzt gern im Sonnenschein auf Blättern. Seine dunkelbraune Raupe lebt versteckt am Boden, wo sie sich von Falllaub und verdorrten Pflanzenteilen ernährt. Sie verpuppt sich im Frühjahr.

Bräunlicher Obstbaumwickler

Archips podana · Familie Wickler

Vorderrand der Vorderflügel kurz vor der Spitze deutlich eingebuchtet, Spitze zipfelig vorgezogen. 🦋 Jun–Jul

Spannweite 19–28 mm.
Vorkommen An Waldrändern, in Gärten und Obstplantagen; überall häufig.
Wissenswert! Der Falter ist dämmerungs- und nachtaktiv. Seine Raupe entwickelt sich an Laubhölzern, z. B. an Apfelbäumen. Sie frisst zunächst an Blättern und Früchten, nach der Überwinterung an den Knospen. Später sitzt sie zwischen zusammengesponnenen Blättern.

Federgeistchen

Pterophorus pentadactyla · Familie Federmotten

Ganzes Tier schneeweiß gefärbt; Vorderflügel in 2, Hinterflügel in 3 fein zerfiederte Abschnitte aufgespalten. 🦋 Mai–Sep

Spannweite 26–34 mm.
Vorkommen An Wald- und Wegrändern; nicht selten.
Wissenswert! Der sehr zerbrechlich wirkende, unverwechselbare Falter fliegt überwiegend nachts, aber auch schon in den Nachmittagsstunden. Seine grünen Raupen entwickeln sich an den Blättern von Winden.

Huflattich-Federmotte

Platyptilia gonodactyla · Familie Federmotten

Vorderflügel mit verschwommener bräunlicher Zeichnung, von außen her zu weniger als einem Drittel in 2 Zipfel gespalten. 🦋 Mai–Okt

Spannweite 20–30 mm.
Vorkommen An Wald- und Wegrändern; häufig.
Wissenswert! Der dämmerungs- und nachtaktive Falter fliegt jährlich in 2 Generationen. Seine Raupen entwickeln sich an Huflattich, seltener an Pestwurz. Sie minieren zunächst in den Blättern und fressen später an der Blattunterseite.

Urmotte Falteransammlung auf Hahnenfuß

Skabiosen-Langhornmotte
Weibchen beim Blütenbesuch

Prachtwickler

Bräunlicher Obstbaumwickler

Federgeistchen

Huflattich-Federmotte

Laichkrautzünsler

Elophila nymphaeata · Familie Zünsler

Flügel weiß mit schmalen, braunen Schleifen und Zackenbinden. Jun–Aug

Spannweite 22–30 mm. **Raupe** klein und bräunlich.

Vorkommen An stehenden Gewässern mit Schwimmblattpflanzen; häufig.

Wissenswert! Der dämmerungsaktive Falter setzt sich gerne kopfunter an Pflanzenstängel. Seine Raupe entwickelt sich meist am Schwimmenden Laichkraut. Sie hält sich unter einem ovalen Blattstück auf, das sie an der Unterseite eines Schwimmblatts festspinnt. Die Verpuppung erfolgt in einem luftgefüllten Köcher aus 2 solchen Blattstücken dicht unter dem Wasserspiegel. Der geschlüpfte Falter wird durch die ihn umgebende Lufthülle zur Oberfläche getrieben

Igelkolbenzünsler

Nymphula nitidulata · Familie Zünsler

Ähnlich dem Laichkrautzünsler, doch Flügelzeichnung kontrastreicher und ohne Zackenbinden. Jun–Aug

Spannweite 18–22 mm.

Vorkommen An pflanzenreichen Teichen und Gräben; seltener als der Laichkrautzünsler.

Wissenswert! Die Raupe lebt meist an Igelkolben-Arten. Sie miniert zunächst in Blättern oder Stängeln der Futterpflanze, überwintert und baut danach aus Blattstücken einen Köcher. Mit diesem treibt sie am Wasserspiegel und frisst weiter an der Nährpflanze. Sie verpuppt sich an der Unterseite eines Schwimmblatts.

Ähnlich **Wasserlinsenzünsler** *Cataclysta lemnata*, im Hinterflügel eine schwarze Saumbinde mit silbernen Punkten. Die Raupe lebt in Wasserspiegelhöhe in einem Köcher aus Wasserlinsenstücken.

Buchsbaumzünsler

Cydalima perspectalis · Familie Zünsler

Flügel meist seidig weiß mit einem schwarzbraunen Saum. Apr–Sep

Spannweite 40–45 mm. **Raupe** bis 50 mm lang, grünlich mit schwarzer Zeichnung.

Vorkommen In Gärten und Parks mit Buchsbaumbeständen; in Ausbreitung begriffen.

Wissenswert! Ursprünglich eine ostasiatische Art, die Anfang des 21. Jahrhunderts nach Mitteleuropa eingeschleppt wurde und sich seither als invasive Art schnell ausbreitet. Die Raupen fressen die Blätter von Buchsbaum-Arten und können bei stärkerem Befall kompletten Kahlfraß der Büsche verursachen. B. haben eine schnelle Entwicklung vom Ei bis zur Imago und können bis zu 4 Generationen in einem Jahr ausbilden.

Brennnesselzünsler

Anania hortulata · Familie Zünsler

Körper und Flügelbasis gelblich, Flügel ansonsten weiß mit schwarzen Flecken und randparallelen Binden. Jun–Aug.

Spannweite 24–28 mm.

Vorkommen In Wäldern und Gärten; überall sehr häufig.

Wissenswert! Der dämmerungs- und nachtaktive Falter hält sich tagsüber im Gebüsch verborgen, lässt sich aber leicht aufscheuchen. Bei Dunkelheit fliegt er oft künstliche Lichtquellen an und ist dann am nächsten Morgen in deren Nähe zu finden. Die gelb oder grün gefärbte, kaum behaarte Raupe entwickelt sich meist an Brennnesseln, aber auch an Minze, Ziest Johannisbeere und an verschiedenen anderen Pflanzen. In Fraßpausen sitzt sie in einem nach unten wie zu einer Zigarre zusammengerollten und innen versponnenen Blatt. Vor der Überwinterung spinnt sie sich am Boden in einen Kokon ein. Die Verpuppung erfolgt dann im Frühjahr.

Laichkrautzünsler bei der Paarung

Igelkolbenzünsler

Buchsbaumzünsler

Brennnesselzünsler

Dörrobstmotte

Plodia interpunctella · Familie Zünsler

Flügel rotbraun mit gelber Binde in der Basalhälfte und blauen Zeichnungen. Mai–Okt

Spannweite 13–20 mm.
Vorkommen Vorwiegend in Wohnungen und Nahrungsmittelspeichern, doch auch im Freiland; fast überall häufig.
Wissenswert! Die dunkelköpfige Raupe entwickelt sich an Getreideprodukten, Nüssen und Süßwaren, besonders gern an Schokoladenkonfekt. Sie verwebt diese Nahrungsmittel mit ihren Gespinsten und macht sie dadurch unbrauchbar.

Wiesenzünsler

Catoptria conchella · Familie Zünsler

Vorderflügel zimtbraun mit weißen Fransen und weißer, durch einen dunkelbraunen Schrägstreifen geteilter Binde. Jun–Aug

Spannweite um 25 mm.
Vorkommen In offenem, grasigem Gelände, vor allem in den Alpen; ziemlich selten.
Wissenswert! Der dämmerungsaktive Falter ruht meist kopfunter an Grashalmen. Die Raupe entwickelt sich an Gräsern. Sie lebt am Boden in einer Gespinströhre. Es gibt viele weitere Arten dieser und anderer Gattungen mit ähnlicher Lebensweise.

Kastanien-Miniermotte

Cameraria ohridella · Familie Miniermotten

Grundfärbung bräunlich, 4 Querbinden auf den Flügeln, hinterer Flügelrand mit langen Haarfransen. Apr–Sep

Spannweite 6–8 mm.
Vorkommen Rosskastanien in Wäldern, Parks, Alleen und Gärten.
Wissenswert! Die bei uns erst seit etwa 30 Jahren vorkommende K. legt ihre Eier auf die Oberseite von Rosskastanienblättern. Die winzigen Raupen fressen innerhalb des Blattgewebes, zurück bleiben charakteristische bräunliche Fraßgänge. Am Ende eines jeden Fraßganges liegt eine kleine rundliche Kammer, in der die Puppe liegt. Oft fressen 50 und mehr Räupchen an einem befallenen Blatt, das daraufhin vorzeitig welkt und bereist früh im Jahr vom Baum fällt.

Pelzmotte

Tinea pellionella · Familie Echte Motten

Flügel glänzend kupferfarben mit kleinem, dunklem Fleck, der ein Drittel der Flügellänge vor der Flügelspitze liegt. Jun–Aug

Spannweite 11–17 mm.
Vorkommen In Wohnungen; überall ziemlich häufig.
Wissenswert! Die bis 8 mm lange, weißliche Raupe hat einen dunkelbraunen Kopf. Sie ernährt sich von Textilien, Federn oder Pelzen. Aus Teilen ihrer Nahrung baut sie einen etwa 6 mm langen ovalen Köcher (rechtes großes Foto).

Ähnlich **Kleidermotte** *Tineola bisselliella*, etwa gleich groß, mit einfarbig kupferglänzenden Flügeln. Ihre bis 9 mm lange Raupe mit hellbrauner Kopfkapsel lebt in einer Gespinströhre, die an der Nahrungsquelle befestigt ist, z. B. an Wollstoffen, Fellen, Federn oder Teppichen. Sie frisst auch Sojamehl, Trockenfleisch und viele andere Stoffe.

Dörrobstmotte

Wiesenzünsler

Kastanien-Miniermotte Falter (links) und Raupe (rechts)

Pelzmotte Falter (links) und Raupe in Kokon aus Stofffasern (rechts)

Felsflur-Sackträger

Epichnopterix sieboldii · Familie Sackträger

♂ (großes Bild) normal geflügelt, Flügel mit haarfeiner, grauer Beschuppung; ♀ flügellos und ohne Beine. Mär–Apr

Spannweite 10–14 mm. **Raupe** rötlich gefärbt.

Vorkommen An warmen, felsigen Orten im südlichen D; ziemlich selten.

Wissenswert! Die Raupe lebt in einem Gespinstsack, der mit parallel angeordneten, dürren Grasstücken belegt ist (kleines Bild). Sie ernährt sich von verschiedenen krautigen Pflanzen. Schon an den ersten warmen Frühlingstagen sind die Männchen zu beobachten, die auf der Suche nach Weibchen rastlos umherfliegen. Diese sitzen in ihren an Pflanzen festgesponnenen Säcken und strecken zum Anlocken der Partner nur ihren Vorderkörper aus der Sacköffnung. §

Dreikant-Zwergsackträger

Dahlica triquetrella · Familie Sackträger

♂ mit feiner, dunkler Gitterzeichnung auf den grauen Flügeln, ♀ (großes Bild) flügellos. Mär–Mai

Spannweite 14–15 mm. **Raupe** bleich.

Vorkommen In Laub- und Nadelwäldern; ziemlich häufig.

Wissenswert! Die Raupe baut einen dreikantigen Gespinstsack, der mit Holzspänen, oft auch mit Teilen toter Insekten belegt ist (kleines Bild). Man findet sie oft auf Baumrinde, wo sie sich vom Flechtenbewuchs ernährt. In den meisten Gebieten fehlen ♂. Die ♀ vermehren sich dann durch Jungfernzeugung. Frisch geschlüpft, setzen sie sich auf ihren Gespinstsack und stülpen zum Anlocken von ♂ die Legeröhre aus (großes Bild). Nach einiger Zeit des erfolglosen Werbens legen sie ihre Eier ab.

Traubenkirschen-Gespinstmotte

Yponomeuta evonymella · Familie Gespinstmotten

Vorderflügel weiß, mit 5 Längsreihen kleiner, schwarzer Punkte. Jul–Aug

Spannweite 22–26 mm.

Vorkommen In Wäldern und offenem Gelände, besonders an feuchten Orten; überall häufig.

Wissenswert! Die sehr gesellig lebenden Raupen entwickeln sich meist an der Traubenkirsche, gelegentlich auch an anderen *Prunus*-Arten. Sie überziehen den Strauch mit einem dichten Gespinst, das beinahe an ein Leichentuch erinnert, zumal der Strauch nach einiger Zeit oft vollkommen kahlgefressen ist und dann wie eine Baumleiche wirkt. Wenn im Juli die neue Faltergeneration schlüpft, beginnt die Traubenkirsche bereits wieder auszutreiben, und etwa 1 Monat später steht sie erneut in vollem Laub. Nur entlang des Stamms und der Zweige lassen herabhängende Gespinstreste auf den zurückliegenden Vorgang schließen. Die Weibchen der Gespinstmotte legen ihre Eier an den Knospen der Traubenkirsche ab, wo sie überwintern. Im nächsten Frühjahr schlüpft dann die neue Raupengeneration, und wenig später wiederholt sich das Geschehen aus dem Vorjahr. Allerdings kann der Befall jahrweise stark schwanken.

Ähnlich **Pflaumen-Gespinstmotte** *Yponomeuta padella*, etwas kleiner als die oben beschriebene Art, mit nur 3 Punktreihen auf den Vorderflügeln. Ihre Raupen überziehen Schlehen, Weißdorn und verschiedene Obstbaumarten mit ihren Gespinsten. Diese sind aber weniger dicht gewebt als bei der Traubenkirschen-Gespinstmotte, sodass selbst bei Kahlfraß kein so auffälliges Bild entsteht.

Felsflur-Sackträger Männchen normal geflügelt

Dreikant-Zwergsackträger frisch geschlüpftes Weibchen

Traubenkirschen-Gespinstmotte

Heidekraut-Wurzelbohrer

Phymatopus hecta · Familie Wurzelbohrer

♀ (im Bild oberes Tier) graubraun, ♂ (unteres Tier) rotbraun mit hellen Flecken. 🦋 Mai–Jul

Spannweite 22–36 mm.
Vorkommen An Wald- und Wegrändern sowie in Wiesen und Gärten; ziemlich häufig.
Wissenswert! Die Falter besitzen verkümmerte Mundwerkzeuge und können daher keine Nahrung mehr aufnehmen. Die ♂ fliegen in der Abenddämmerung, oft zu mehreren dicht nebeneinander, in rastlosem Pendelflug vor Gebüschrändern auf und ab. Mit einem an den Hinterbeinen ausgestülpten pinselförmigen Duftorgan suchen sie paarungswillige ♀ anzulocken. Gelegentlich wird dieses Duftorgan auch im Sitzen entfaltet. Zur Paarung lässt sich das ♀ in der Nähe auf einer Pflanze nieder und wird dann vom ♂ angeflogen (Bild). Bei der Eiablage verstreut das ♀ seine weißen Eier am Boden. Die weißlichen Raupen entwickeln sich unterirdisch an Pflanzenwurzeln.

Großer Hopfen-Wurzelbohrer *Hepialus humuli* · Fam. Wurzelb.

♂ mit weißen, ♀ (großes Bild) mit gelblichen, rot gezeichneten Vorderflügeln. 🦋 Mai–Aug

Spannweite 40–70 mm.
Raupe bis 5 cm lang, schwach behaart, weißlich mit rotbraunem Kopf.
Vorkommen Auf Wiesen und an Wegrändern, meist an feuchten Stellen; häufig.
Wissenswert! Die Männchen führen ähnliche Pendelflüge aus wie die des Heidekraut-Wurzelbohrers. Die Raupen fressen an den Wurzeln sehr verschiedener Pflanzen, z. B. an Bärenklau, Pestwurz und Ampfer-Arten, aber auch an Hopfen, wo sie gelegentlich schon Schäden anrichteten. Die Verpuppung erfolgt in einer mit Gespinst ausgekleideten Erdröhre.

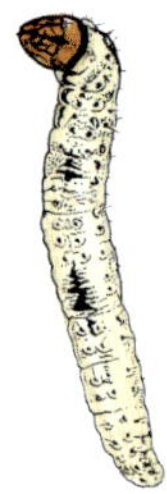

Weidenbohrer

Cossus cossus · Familie Holzbohrer

Flügel grau mit feinem, dunklem Linienmuster. 🦋 Mai–Jul

Spannweite 65–80 mm.
Vorkommen Vorwiegend in feuchten Wäldern, besonders an Gewässerufern; ziemlich häufig.
Wissenswert! Trotz seiner Größe gehört der W. zu den Kleinschmetterlingen. Sein Saugrüssel ist zurückgebildet, sodass der Falter keine Nahrung aufnehmen kann.
Die bis 10 cm lange, fast kahle Raupe des W. (Siehe Foto Seite 192) entwickelt sich in 2 Jahren im Holz verschiedener Laubbäume, oft von Weiden und Pappeln. Bei stärkerem Befall können die Fraßbäume, denen dann ein Geruch nach Holzessig entströmt, kränkeln oder sogar absterben. Vor der Verpuppung nagt die Raupe einen Gang bis zur Stammoberfläche und verstopft diesen mit Spänen. Vor dem Schlupf des Falters schiebt sich die bewegliche Puppe etwa zur Hälfte ins Freie.

Blausieb

Zeuzera pyrina · Familie Holzbohrer

Flügel weiß mit feinem, tief dunkelblauem Fleckenmuster. 🦋 Jun–Sep

Spannweite 35–60 mm.
Vorkommen Vor allem in Wäldern, Gärten und parkartigem Gelände; nicht selten.
Wissenswert! Der nachtaktive Falter ist ein typischer Kulturfolger. Seine blass gelbliche Raupe entwickelt sich zweijährig im Holz der verschiedensten Laubbäume und Sträucher, insbesondere aber in Eschen, Buchen und Apfelbäumen. In Letzteren richten die Raupen gelegentlich Schäden an, da sie vorzugsweise in dünneren Zweigen bohren und diese damit zum Absterben bringen. Besonders verheerend kann sich ein Befall auf Kulturen von Jungbäumen auswirken. In neuerer Zeit wurden die Raupen in manchen Gebieten oft in Misteltzweigen gefunden. Auf diese Weise gelingt es dem Falter zunehmend, auch Kiefernwälder (mit den dort schmarotzenden Misteln) als Lebensraum zu nutzen.

Heidekraut-Wurzelbohrer bei der Paarung

Großer Hopfen-Wurzelbohrer

Weidenbohrer

Blausieb

Hornissenglasflügler

Sesia apiformis · Familie Glasflügler

Durch Gestalt und Färbung stark an eine Hornisse erinnernd. Mai–Aug

Spannweite 30–45 mm. **Raupe** bleich.

Vorkommen An Alleen und Waldrändern mit älteren Pappeln; recht häufig.

Wissenswert! Der Eindruck, beim H. eine gefährliche Hornisse vor sich zu haben, wird noch durch ein brummendes Fluggeräusch verstärkt. Die Vortäuschung von Gefährlichkeit – ein Phänomen, das man als Mimikry bezeichnet – stellt in erster Linie einen Schutz vor möglichen Fressfeinden dar.

Die Raupe entwickelt sich zweijährig in den Stämmen von Pappeln, seltener von Weiden. Vor der Verpuppung treibt sie ihren Fraßgang bis zur Oberfläche vor und verschließt ihn mit Spänen. Zum Schlupf schiebt sich die Puppe aus dem Bohrloch.

Zypressenwolfsmilch-Glasfl.

Chamaesphecia empiformis · Fam. Glasflügler

Ziemlich kleiner Glasflügler mit etwas fleckiger, gelblicher Beschuppung am ganzen Körper. Mai–Aug

Hinterleibsspitze mit gelb-schwarzem, breit gefächertem Haarpinsel. Spannweite 14–18 mm.

Vorkommen In offenem, warmem Gelände; gebietsweise nicht selten.

Wissenswert! Die Raupe entwickelt sich ausschließlich in der Zypressenwolfsmilch, und zwar meist nur eine Raupe pro Pflanze. Sie nagt sich einen Fraßgang im Wurzelstock. Befallene Pflanzen zeigen Kümmerwuchs und vergilben im Herbst früher als nicht befallene, sterben aber in der Regel nicht ab. Im Frühjahr findet etwa in Höhe des Wurzelhalses die Verpuppung statt. Vor dem Schlupf schiebt sich die Puppe etwas aus dem Fraßgang hervor.

Der im Sonnenschein recht aktive Falter ist öfters auf Blüten zu beobachten; er saugt auch an der Futterpflanze seiner Raupe.

Kleiner Weidenglasflügler

Synanthedon formicaeformis · Fam. Glasfl.

Falter schwarz mit rotem Hinterleibsring; Flügel z. T. durchsichtig, z. T. blau schillernd und rot beschuppt. Mai–Aug

Spannweite rund 20 mm.

Vorkommen In Moorgebieten und an feuchten Waldrändern; gebietsweise ziemlich häufig.

Wissenswert! Die Raupe entwickelt sich vor allem in Weidenzweigen, vorzugsweise solchen, die bereits durch Käferlarven oder Pilze geschädigt sind und gallenartige Wucherungen aufweisen. In derartigen, nicht von den Raupen selbst hervorgerufenen Anschwellungen halten sich manchmal sogar mehrere der durchscheinend weißlichen Raupen auf. Sie verraten sich durch das Bohrmehl, das sie aus den Löchern am Ende ihrer Fraßgänge auswerfen und das auf den Zweiggallen liegen bleibt, wo es z. T. dicke Klumpen bildet. Die Verpuppung erfolgt am Ende der Fraßgänge.

Waldreben-Fensterschwärmerchen

Thyris fenestrella · Familie F.s.

Glasartig durchsichtige Flecke in der Mitte der braun gemusterten Flügel. Mai–Aug

Spannweite 12–15 mm. **Raupe** bräunlich.

Vorkommen An sonnigen und warmen, meist etwas feuchten Waldrändern; nicht häufig.

Wissenswert! Der tagaktive Falter ist gelegentlich beim Blütenbesuch (etwa auf Doldenblüten) anzutreffen. Im Sitzen hält er seine Flügel in charakteristischer Weise schräg aufgestellt, wobei der Vorderrand der Vorderflügel leicht eingeknickt wird.

Die unangenehm nach Wanzen riechende Raupe entwickelt sich an Blättern der Waldrebe, die sie zu ihrem Schutz wie eine Zigarre zusammenrollt (Zeichnung). Die Puppe überwintert in einem lockeren Gespinst. §

Hornissenglasflügler

Zypressenwolfsmilch-Glasflügler

Kleiner Weidenglasflügler

Waldreben-Fensterschwärmerchen

Großer Frostspanner

Erannis defoliaria · Familie Spanner

Geschlechter sehr verschieden. Beim ♂ (linkes großes Bild) Spannweite 30–40 mm, Vorderflügel sehr variabel gefärbt und gezeichnet, fast immer aber mit einem dunklen Punkt. Sep–Dez

♀ völlig flügellos, Körper weißlich mit kontrastreicher, dunkler Fleckung. **Raupe** gelb- bis rotbraun, unter der gewellten, dunklen Seitenlinie gelb mit braunen Flecken, die auch fehlen können.

Vorkommen Vor allem in Laubwäldern, Parkanlagen und Obstgärten; fast überall häufig.

Wissenswert! Die Falter erscheinen meist erst nach den ersten Nachtfrösten. Die Männchen kann man regelmäßig mit Einbruch der Dämmerung an Straßenlaternen beobachten; auch tagsüber sitzen sie oft in deren Nähe. Die flugunfähigen Weibchen hingegen kriechen abends an Baumstämmen empor, um dort den Anflug der Geschlechtspartner zu erwarten. Die in Rindenritzen abgelegten Eier überwintern. Die Raupen entwickeln sich im Frühjahr an vielen verschiedenen Laubbäumen, vorzugsweise an Buchen und Eichen, doch auch an Obstbäumen. Bei gelegentlich auftretenden Massenvermehrungen können sie ganze Wälder entlauben und auch im Obstbau ziemliche Schäden anrichten.

Bei Störung lassen sich die Raupen an einem Spinnfaden zu Boden sinken. Sie geben ihn aus ihren Spinndrüsen ab, die in den Mundwerkzeugen münden. Ist die Gefahr vorüber, klettern sie am gleichen Faden wieder empor, indem sie ihn mit den Brustbeinen zusammenraffen und auffressen. Die Verpuppung erfolgt im Juni in einem lockeren Gespinst am Boden. Die neuen Falter schlüpfen erst im Herbst.

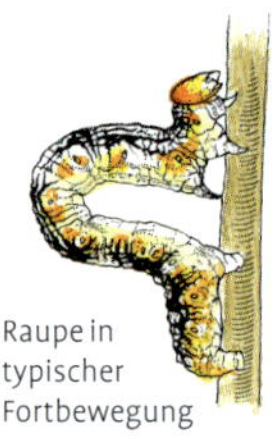

Raupe in typischer Fortbewegung

Rauten-Rindenspanner

Peribatodes rhomboidaria · Familie Spanner

Flügel graubraun mit schwärzlichen, gezackten Querlinien, die am Vorderrand deutlich verbreitert sind. Mai–Okt

Spannweite 30–38 mm. **Raupe** bis 40 mm lang, graubraun bis rotbraun gefärbt, mit einer doppelten, dunklen Seitenlinie und oft helleren Fleckenzeichnungen, die am Rücken ein Rautenmuster bilden können.

Vorkommen In Laubwäldern und an Waldrändern, auch auf offenem Gelände; nicht selten.

Wissenswert! In den meisten Gebieten fliegt die Art nur in einer Faltergeneration im Jahr, in klimatisch günstigen Regionen in zwei. Diese treten dann im Mai/Juni und von August bis Oktober auf. Die Raupe ist bei Populationen mit nur einer Jahresgeneration ab August zu finden. Sie ernährt sich von Blättern verschiedener Laubgehölze, etwa von Schlehen, Weißdorn, Flieder und Liguster, doch auch von verschiedenen niederen Pflanzen, und überwintert halbwüchsig. Bei Beunruhigung hält sie sich nur mit ihren beiden letzten Beinpaaren an der Pflanze fest und lässt ihren schmalen Körper schräg abstehen. In dieser Haltung ähnelt sie sehr einem dürren Zweig.

Ähnlich **Großer Rindenspanner** *Hypomecis roboraria*, deutlich größer (Spannweite 40–50 mm), weniger kontrastreich gezeichnete, graubraune Flügel. Die Raupe dieser weit verbreiteten Art entwickelt sich an Eichen und verschiedenen anderen Laubbäumen. Daneben gibt es noch weitere ähnlich gefärbte und gezeichnete Spanner.

Großer Frostspanner männlicher Falter an Rinde (links) und Raupe (rechts)

Rauten-Rindenspanner Falter (links) und Raupe in Tarnhaltung (rechts)

Birkenspanner

Biston betularia · Familie Spanner

Flügel ziemlich schmal, weiß mit feinem, schwarzem Fleckenmuster, manchmal stark verdunkelt bis fast ganz schwarz. Mai–Jul

Spannweite 35–60 mm. **Raupe** bis 6 cm lang, braun oder grün mit zweispitzigem Kopf.

Vorkommen Z. B. in lichten Wäldern und in Mooren; ziemlich häufig.

Wissenswert! Der tagsüber ruhende Falter ist auf Birkenrinde gut getarnt, die dunkle Färbungsvariante auf dunkler Baumrinde kaum zu erkennen. In Industriegebieten mit rußgeschwärzter Umgebung haben dunkle Exemplare nach dem Ausleseprinzip offenbar Vorteile gegenüber normal gefärbten Tieren („Industriemelanismus“).

Heidespanner

Ematurga atomaria · Familie Spanner

♂ (Bild) mit gelblicher Grundfärbung, braunen, gezackten Binden und feinen Stricheln sowie fein gefiederten Fühlern. Apr–Sep

♀ mit weißlichen, ebenso gezeichneten Flügeln und einfach fadenförmigen Fühlern. Spannweite 22–30 mm.

Vorkommen In trockenem wie in feuchtem, offenem Gelände, z. B. auf Heideflächen und in Mooren; ziemlich häufig.

Wissenswert! Die Falter sind tagaktiv und bei sonnigem, warmem Wetter sehr mobil. Sie fliegen in 2 Generationen jährlich, lediglich in klimatisch ungünstigen Lagen entwickeln sie nur 1 Generation. Die sehr variabel grün, graubraun oder gelb- bis dunkelbraun gefärbte, oft mit weißen Rückenflecken und dunklen Seitenbinden gezeichnete Raupe entwickelt sich an Heidekraut, Ginster und anderen krautigen Pflanzen. Sie verpuppt sich im Erdboden. Überwinterungsstadium ist die Puppe.

Stachelbeerspanner

Abraxas grossulariata · Familie Spanner

Flügel weiß mit schwarzen, zu Querbinden angeordneten Punkten, Vorderflügel außerdem mit gelber Mittelbinde. Jun–Aug

Spannweite 35–40 mm. **Raupe** mit ganz ähnlichem Färbungs- und Zeichnungsmuster wie der Falter.

Vorkommen In feuchten Wäldern, ziemlich selten; früher auch in Gärten, hier aber fast überall verschwunden.

Wissenswert! Die nachtaktive Raupe entwickelt sich vorzugsweise an Johannis- und Stachelbeersträuchern, im Wald aber auch an Weißdorn, Schlehe und verschiedenen anderen Pflanzen. Sie überwintert und verpuppt sich im Frühjahr in einem netzartigen Kokon an der Futterpflanze. Die Puppe ist kontrastreich hell-dunkel geringelt und dadurch ebenfalls recht auffällig. §

Ulmen-Fleckenspanner

Abraxas sylvata · Familie Spanner

Flügel weiß, Vorderflügel an der Basis und am Hinterrand jeweils mit einem braunen, gelb gezeichneten Fleck. Mai–Aug

Spannweite 30–38 mm. **Raupe** schlank, mit schmalen, schwarzen und gelben Längslinien.

Vorkommen In feuchten Wäldern; gebietsweise nicht selten.

Wissenswert! Der Falter setzt sich gern mit ausgebreiteten Flügeln auf Blättern ab. Er erinnert durch seine Zeichnung an Vogelkot (Tarntracht). Die Raupe entwickelt sich an Ulmen, Buchen und einigen anderen Laubbäumen und verpuppt sich im Herbst am Waldboden. Die Puppe überwintert. §

Birkenspanner

Heidespanner Männchen mit gefiederten Fühlern

Stachelbeerspanner

Ulmen-Fleckenspanner

Pappel-Dickleibspanner

Biston strataria · Familie Spanner

Ziemlich untersetzter Falter mit langen, schmalen Flügeln. 🦋 Mär–Mai

Vorderflügel weißlich mit 2 rotbraunen Querbinden und grauer Fleckung. Spannweite 40–50 mm.

Vorkommen An Wald- und Straßenrändern sowie in Parks und Gärten; nicht selten.

Wissenswert! Die mit mehreren Höckern und Buckeln versehene, heller oder dunkler braun gefärbte Raupe erinnert sehr an einen abgestorbenen Zweig. Sie entwickelt sich an Laubbäumen und verpuppt sich im Sommer. Die Puppe überwintert.

Alpen-Dickleibspanner

Lycia alpina · Familie Spanner

♂ (Bild) mit weißen, braun quergebänderten Flügeln. 🦋 Apr–Jul

♀ lediglich mit winzigen Flügelstummeln, untersetzt und dicht pelzig behaart. Spannweite 30–35 mm.

Vorkommen In den Alpen in offenem Gelände zwischen 1000 und 2500 m; stellenweise ziemlich häufig.

Wissenswert! Die flugunfähigen Weibchen laufen schon kurz nach der Schneeschmelze am Boden umher; die Männchen sind viel seltener zu sehen. Die grüne Raupe entwickelt sich an niedrigen Pflanzen. §

Riesengebirgsspanner

Psodos quadrifaria · Familie Spanner

Vorder- und Hinterflügel dunkelbraun, jeweils mit einer orangefarbenen Querbinde. 🦋 Jun–Aug

Spannweite 18–23 mm.

Vorkommen In der Krummholzzone und auf Hochgebirgswiesen in den Alpen, Sudeten und Karpaten; stellenweise ziemlich häufig.

Wissenswert! Der tagaktive Falter unterscheidet sich durch seine Flügelzeichnung deutlich von einigen anderen, ebenfalls im Hochgebirge lebenden, aber einheitlich dunkel gefärbten *Psodos*-Arten.

Klee-Gitterspanner

Chiasmia clathrata · Familie Spanner

Flügel weiß oder gelblich, mit braunen Längsadern und Querlinien, sodass insgesamt ein Netzmuster entsteht. 🦋 Apr–Aug

Spannweite 20–25 mm.

Vorkommen An Waldrändern und in offenem Gelände; ziemlich häufig.

Wissenswert! Der G. fliegt jährlich in 2 Generationen. Die grüne, mit schmalen, weißen Rückenlinien und jederseits einer breiteren weißen Längsbinde gezeichnete Raupe entwickelt sich an Schmetterlingsblütlern. Sie verpuppt sich im Erdboden.

Pantherspanner

Pseudopanthera macularia · Familie Spanner

Flügel gelb mit braunen, violett schimmernden Flecken, die z. T. andeutungsweise zu Binden zusammenfließen. 🦋 Apr–Jul

Spannweite 23–28 mm.

Vorkommen An Waldrändern und in offenem, trockenem Gelände; ziemlich häufig.

Wissenswert! Der F. ist auch am Tag aktiv. Die grüne, schlanke Raupe trägt eine dunkle Rückenlinie und helle Seitenlinien. Sie frisst an Lippenblütengewächsen und verpuppt sich in einem mit Erde vermischten Gespinst. Die Puppe überwintert.

Espen-Saumbandspanner

Epione vespertaria · Familie Spanner

Flügel des ♂ (Bild) ockergelb mit schmaler, roter Bogenlinie, roten Querstricheln und einer rotvioletten Saumbinde. 🦋 Jun–Aug

Beim ♀ Flügel mit blassgelber Grundfärbung. Spannweite 25–30 mm.

Vorkommen In Moorwäldern, an Gewässerufern und in Mooren; überall selten.

Wissenswert! Die braune, hell gestreifte Raupe trägt auf dem Rücken rötliche Rautenflecke und auf dem 6. Segment einen gelblichen Fleck. Sie entwickelt sich z. B. an Birken, Weiden oder Zitterpappeln.

Pappel-Dickleibspanner

Alpen-Dickleibspanner Männchen normal geflügelt

Riesengebirgsspanner

Klee-Gitterspanner

Pantherspanner

Espen-Saumbandspanner

Gelbspanner

Opisthograptis luteolata · Familie Spanner

Vorderflügel gelb, am Vorderrand mit 4 kleinen, rotbraunen Flecken und 1 weiß gekernten Fleck. Apr–Jul

Spannweite 32–37 mm. **Raupe** braun oder grün, mit roten Höckern. **Vorkommen** In Wäldern und offenem Gelände; überall häufig. **Wissenswert!** Die Raupe entwickelt sich meist an Weißdorn, aber auch an anderen Sträuchern.

Hobelspanner

Plagodis dolabraria · Familie Spanner

Vorderflügel weißlich braun, zahlreiche braune Querstriche; Hinterflügel weißlich mit violettem Fleck. Apr–Jul

Spannweite 28–32 mm. **Vorkommen** In Laubwäldern, an warmen Hängen, aber auch in Gärten recht häufig. **Wissenswert!** Gewöhnlich fliegt der Falter in 1 Generation jährlich, in Wärmegebieten auch in 2. Die dunkelbraune Raupe trägt auf dem 8. Segment einen deutlichen Buckel und gleicht einem toten Zweig. Sie entwickelt sich an Eichen, Birken oder Weiden.

Nachtschwalbenschwanz

Ourapteryx sambucaria · Familie Spanner

Flügel gelblich weiß, Vorderflügel mit 2, Hinterflügel mit 1 braunen Querlinie sowie mit Zipfel und Augenfleck. Jul–Aug

Spannweite 40–50 mm. **Vorkommen** Z. B. an Waldrändern und in Gärten; ziemlich häufig. **Wissenswert!** Die bis zu 5 cm lange, auffallend schmale Raupe ist gelbgrün bis olivgrün und gleicht einem dürren Zweig. Sie entwickelt sich an Laubbäumen und Sträuchern. In schräg abgespreizter Ruhehaltung ist sie kaum zu entdecken.

Schlehenspanner

Angerona prunaria · Familie Spanner

♂ (Foto) mit orangefarbenen, dunkel gestrichelten Flügeln; ♀ heller. Mai–Aug

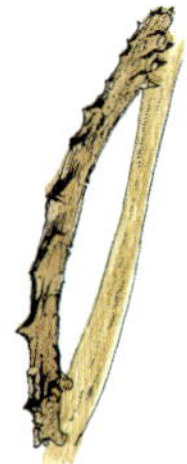

Spannweite 35–45 mm. **Raupe** braun, mit spitzen Höckern. **Vorkommen** An Waldrändern und in Gärten; ziemlich häufig. **Wissenswert!** Die Raupe entwickelt sich an Sträuchern. Sie verpuppt sich im Frühjahr.

Heller Schmuckspanner

Crocallis elinguaria · Familie Spanner

Vorderflügel gelblich oder rötlich mit einer dunkleren Querbinde, in dieser ein schwarzer Punkt. Mai–Aug

Spannweite 32–40 mm. **Vorkommen** In Wäldern, Mooren und auch in Gärten; nicht selten. **Wissenswert!** Die braune Raupe trägt auf dem 11. Segment einen niedrigen Buckel. Sie ernährt sich von Schlehen, Geißblatt, weiteren Sträuchern und Laubbäumen. Tagsüber ruht sie auf Zweigen der Futterpflanze, nachts frisst sie an den Blättern. Überwinterungsstadium sind die Eier.

Mondfleckspanner

Selenia tetralunaria · Familie Spanner

Flügel mit gezacktem Außenrand, in der Mitte mit rotbrauner Querbinde, darin ein halbmondförmiger Fleck. Apr–Aug

Spannweite 30–38 mm. **Vorkommen** In Wäldern und Gärten. **Wissenswert!** Der Falter fliegt in 2 Generationen pro Jahr. Er sitzt immer mit schräg abgespreizten Flügeln. Bei der braunen Raupe ist das 3. Beinpaar wie eine Knospe angeschwollen. Außerdem trägt sie auf 4 Segmenten Rückenhöcker, sodass sie stark an einen trockenen Zweig erinnert.

Gelbspanner

Hobelspanner

Nachtschwalbenschwanz

Schlehenspanner

Heller Schmuckspanner

Mondfleckspanner in typischer Sitzhaltung

Höhlenspanner

Triphosa dubitata · Familie Spanner

Vorderflügel graubraun, meist stellenweise rosa und mit dunklen, gewellten Querbinden. 🦋 Aug–Mai

Spannweite 38–48 mm.
Vorkommen An Waldrändern und Trockenhängen, auch in Gärten; im südlichen D stellenweise ziemlich häufig, im N selten.
Wissenswert! Bei dieser Art überwintern die Falter. Im süddeutschen Bergland trifft man sie im Winter in größeren Schlafgesellschaften in Höhlen an. Die grüne Raupe trägt gelbliche Längslinien. Sie entwickelt sich u. a. an Kreuzdorn. §

Kleiner Frostspanner

Operophtera brumata · Familie Spanner

♂ (im Bild rechtes Tier) mit hellbraunen, undeutlich gezeichneten Flügeln. Spannweite 22–28 mm. 🦋 Okt–Dez

♀ (im Bild linkes Tier) mit winzigen Flügelstummeln.
Vorkommen In Wäldern und Gärten; häufig.
Wissenswert! Die Raupe ist grün gefärbt und mit einer dunklen Rückenlinie sowie hellen seitlichen Streifen gezeichnet. Sie kann sich an vielen verschiedenen Laubbäumen entwickeln und richtet an Obstbäumen oft großen Schaden an.

Springkrautspanner

Ecliptopera silaceta · Fam. Spanner

Vorderflügel hellbraun mit dunklem Basalfleck und dunkler, weiß gesäumter Mittelbinde, diese zweimal eingeschnitten. 🦋 Apr–Aug

Spannweite 23–27 mm.
Vorkommen In feuchten Wäldern und an Gewässerufern, daneben aber auch an offenen Stellen; nicht häufig.
Wissenswert! Der W. fliegt jährlich in 2 Generationen. Die schmale, grüne, mit einer unterbrochenen rötlichen Rückenlinie gezeichnete Raupe entwickelt sich an Weidenröschen, Hexenkraut und Springkraut.

Schwarzaugen-Bindenspanner

Cosmorhoe ocellata · Familie Spanner

Vorderflügel weiß, an der Basis mit blauschwarzem, z. T. braunem Fleck, der eine hellere Zackenbinde einschließt. 🦋 Apr–Sep

Spannweite 20–25 mm.
Vorkommen Waldränder, Gewässerufer, Wiesen, Parks, Gärten; ziemlich häufig.
Wissenswert! Die Falter fliegen jährlich in 2 Generationen. Die oberseits dunkelbraune, mit hellen Winkelflecken gezeichnete Raupe entwickelt sich an Labkraut-Arten. Sie überwintert erwachsen im Kokon.

Prachtgrüner Bindenspanner

Colostigia pectinataria · Familie Spanner

Vorderflügel grün, mit etwas dunklerem, von einer weißen Wellenlinie gesäumtem Basalfleck und heller Querbinde. 🦋 Mai–Okt

Spannweite um 25 mm.
Vorkommen In feuchten Wäldern und offenem Gelände; ziemlich häufig.
Wissenswert! In günstigen Jahren fliegt der G. L. bisweilen in 2 Generationen, sonst nur in einer. Es gibt auch Farbvarianten mit gelber, rosa oder weißer Grundfärbung. Die braune, am Rücken dunkel gestreifte Raupe entwickelt sich u. a. an Labkraut.

Schwarzspanner

Odezia atrata · Familie Spanner

Flügel schwarz, metallisch glänzend, Vorderflügel mit schmalem, weißem Spitzenrand. 🦋 Mai–Jul

Spannweite 23–27 mm.
Vorkommen Vor allem an Waldrändern und auf Feuchtwiesen; ziemlich häufig.
Wissenswert! Der Falter ist tag- und nachtaktiv und tagsüber oft beim Blütenbesuch zu beobachten. Seine grüne, am Rücken mit dunklen Linien gezeichnete Raupe entwickelt sich an Doldengewächsen wie Wiesenkerbel und Kälberkropf. Sie verpuppt sich am Boden. Das Ei überwintert.

Höhlenspanner   2 Falter an Höhlenwand

Kleiner Frostspanner

Springkrautspanner

Schwarzaugen-Bindenspanner

Prachtgrüner Bindenspanner

Schwarzspanner   beim Blütenbesuch

Vogelschmeiß-Spanner

Lomaspilis marginata · Familie Spanner

Flügel weiß mit braunschwarzer, an der Innenseite mehrfach ausgebuchteter und stellenweise unterbrochener Saumbinde. Apr–Aug

Am Hinterrand des Vorderflügels und am Vorderrand des Hinterflügels fehlt die Saumbinde. Spannweite 20–25 mm.

Vorkommen In feuchten Wäldern, an Waldrändern und in Mooren häufig.

Wissenswert! Der Falter fliegt jährlich in 2 Generationen; die zweite ist aber meist unvollständig. Seine blaugrüne Raupe ist mit 4 dunkleren Rückenlinien und gelblich grünen Ringen an den Segmenteinschnitten gezeichnet. Sie entwickelt sich an Weiden, Pappeln und Haselsträuchern, frisst vorwiegend nachts und hält sich tagsüber unter den Blättern verborgen. Sie verpuppt sich am Boden. Überwinterungsstadium ist die Puppe. Diese kann gelegentlich überliegen, d. h., der Falter schlüpft erst 1 oder 2 Jahre später.

Ampferspanner

Timandra comae · Familie Spanner

Hinterflügel mit scharf vorspringender Ecke in der Mitte des Außenrands. Mai–Okt

Flügel gelblich grau mit weinrotem Außenrandsaum und ebensolcher schräger Querlinie, die sich bei geöffneten Flügeln vom Vorder- auf den Hinterflügel fortsetzt. Spannweite 23–28 mm. **Raupe** grau oder braun mit dunklen Winkelflecken.

Vorkommen Z. B. in feuchten Wäldern, auf Feuchtheiden und in Gärten; fast überall häufig.

Wissenswert! Der Falter fliegt jährlich in 2 Generationen, manchmal in einer unvollständigen dritten. Die Raupe entwickelt sich meist an Ampfer- und Knöterich-Arten. Sie überwintert und verpuppt sich im Frühjahr.

Grünes Blatt

Geometra papilionaria · Familie Spanner

Flügel leuchtend hellgrün, mit 3 schmalen, etwas gezackten und z. T. in Flecke aufgelösten Querbinden. Jun–Aug

Spannweite 40–50 mm. **Raupe** hellgrün, mit rotbraunen Rückenhöckern.

Vorkommen In feuchten Wäldern, in Heidegebieten sowie in Parks und Gärten weit verbreitet, aber nicht häufig.

Wissenswert! Die schöne Färbung frisch geschlüpfter Falter verblasst recht schnell und wird bald grau oder weißlich. Die Raupe entwickelt sich vor allem an Birken. Sie überwintert halbwüchsig und verpuppt sich im Frühjahr am Boden in einem lockeren Gespinst.

Großes Jungfernkind

Archiearis parthenias · Familie Spanner

Stark an einen Eulenfalter erinnernd; Vorderflügel dunkelbraun, grau und weiß quergebändert. Mär–Apr

Hinterflügel gelborange mit braunen Zeichnungen. Spannweite 30–40 mm. **Raupe** grün mit hellen Längsstreifen.

Vorkommen In Birkenwäldern, Moor- und Heidegebieten; stellenweise recht häufig.

Wissenswert! Der Falter ist tagaktiv und im zeitigen Frühjahr z. B. beim Besuch blühender Weidenkätzchen zu beobachten. Seine Raupe besitzt wie die meisten Schmetterlingsraupen 8 Beinpaare, während bei den anderen Spannerraupen die vorderen 3 Bauchbeinpaare fehlen. Futterpflanze ist meist die Birke. §

Vogelschmeiß-Spanner

Ampferspanner

Grünes Blatt

Großes Jungfernkind

Gammaeule

Autographa gamma · Familie Eulen

Vorderflügel braun mit heller „Gamma"-Zeichnung. ♂♀ Mai–Okt

Spannweite 35–40 mm.
Vorkommen An Wald- und Wegrändern sowie auf Kulturflächen; überall sehr häufig.
Wissenswert! Die G. ist tag- und nachtaktiv. Sie fliegt als Wanderfalter alljährlich aus S-EU bei uns ein und bringt hier mehrere Nachfolgegenerationen hervor. Im Herbst wandern viele Falter wieder in den Süden zurück. Die grüne Raupe entwickelt sich an den unterschiedlichsten Pflanzen. Gelegentlich schädigt sie Kulturpflanzen.

Silberblatt-Silbereule

Autographa bractea · Familie Eulen

Vorderflügel rotbraun mit hellem, intensiv goldglänzendem Fleck. ♂♀ Jun–Aug

Spannweite 27–42 mm.
Vorkommen Auf Feuchtwiesen, in Auen, an Flussufern sowie Waldrändern; besonders im Bergland nicht selten, neuerdings offenbar in Ausbreitung begriffen.
Wissenswert! Die grüne Raupe entwickelt sich an sehr verschiedenen Kräutern und Sträuchern, bevorzugt aber Korbblütengewächse. Sie überwintert. Der Falter fliegt jährlich meist nur in einer Generation.

Messingeule

Diachrysia chrysitis · Familie Eulen

Vorderflügel braun mit 2 messingfarbenen Flecken, die oft durch einen schmalen Steg verbunden sind. ♂♀ Mai–Sep

Am Rücken lange Haarbüschel. Spannweite 28–35 mm.
Vorkommen An Waldrändern, auf Feuchtwiesen und in Gärten; ziemlich häufig.
Wissenswert! Die M. fliegt in den meisten Gegenden in 2 Generationen im Jahr. Die grüne, am Rücken oft weiß gezeichnete Raupe entwickelt sich an Brennnesseln und manchen Lippenblütengewächsen.

Lungenkraut-Höckereule

Euchalcia modestoides · Familie Eulen

Flügel graubraun mit weißen Linien u. rötlicher Fleckenzeichnung. ♂♀ Jun–Aug

Spannweite um 30 mm.
Vorkommen In lichten Wäldern, an Waldrändern, auf Feuchtwiesen; recht selten.
Wissenswert! Die grüne Raupe entwickelt sich meist an Lungenkraut-Arten. Sie überwintert noch ganz klein, wächst im zeitigen Frühjahr aber schnell heran. Zunächst spinnt sie ein Blatt zu einer Röhre zusammen, später hält sie sich frei auf der Blattoberseite auf. Sie verpuppt sich in einem zusammengerollten Blatt. §

Wiesenrauten-Goldeule

Lamprotes c-aureum · Familie Eulen

Flügel braunviolett, in der Spitzenhälfte mit großen, goldenen Flecken. ♂♀ Jun–Aug

Spannweite um 35 mm.
Vorkommen In feuchten Wäldern und auf Feuchtwiesen; überall ziemlich selten.
Wissenswert! Die hellgrüne Raupe hat eine dunkelgrüne und weiße Rückenzeichnung und auf dem Rücken mehrere Höcker. Sie entwickelt sich meist an der Akeleiblättrigen Wiesenraute. Sie ruht in stark gekrümmter Körperhaltung, den Hinterleib wie bei Spannerraupen hochgezogen. §

Eisenhut-Goldeule

Polychrysia moneta · Familie Eulen

Vorderflügel hellbraun mit heller, ringförmiger Makel und dunklen Wellenlinien. ♂♀ Jun–Sep

Spannweite 32–37 mm.
Vorkommen In Laub- und Nadelwäldern im süddeutschen Bergland und in den Alpen; auch in Gärten; nicht häufig.
Wissenswert! Die E. fliegt jährlich in 2 Generationen. Die grüne, seitlich mit weißem Streifen gezeichnete Raupe entwickelt sich an Eisenhut-Arten. Sie versteckt sich am Tag meist unter einem Blatt, dessen Zipfel sich nach Benagen herabneigen. §

Gammaeule

Silberblatt-Silbereule

Messingeule

Lungenkraut-Höckereule

Wiesenrauten-Goldeule

Eisenhut-Goldeule auf Wolfs-Eisenhut

Rotes Ordensband

Catocala nupta · Familie Eulen

Vorderflügel graubraun, innere und äußere Querlinie (s. Schemazeichnung) doppelt angelegt und hell ausgefüllt, die äußere bildet ein „M“ mit runden Spitzen. Jun–Sep

Hinterflügel rot mit schwarzer Mittel- und Saumbinde, Erstere wenig ausgezackt und bereits vor dem Flügelrand endend. Spannweite 65–75 mm. **Raupe** graubraun, abgeflacht, am Seitenrand mit Haarfransen, auf dem 8. Segment mit einem kleinen Höcker.

Vorkommen In feuchten Wäldern und Gebüschen, an Ufern, auch in Parks und Gärten; nicht selten, in M.-EU häufigste Art der Ordensbänder.

Wissenswert! Der Falter ist nachtaktiv, schwärmt aber gelegentlich auch schon vor Eintritt der Dunkelheit oder sogar am frühen Nachmittag. Er saugt gern an überreifen oder bereits faulenden Früchten und lässt sich verhältnismäßig leicht mit speziellen Ködern (z. B. aus Zucker und Malzbier oder Rotwein) anlocken, geht dagegen weniger an künstliche Lichtquellen. Hin und wieder kann man ihn tagsüber an Hauswänden oder Fußgängerunterführungen ruhend vorfinden. Durch seine tarnfarbigen Vorderflügel ist er auf Baumrinde kaum zu entdecken. Bei Beunruhigung spreizt er die Flügel auseinander und präsentiert seine grellrot gefärbten Hinterflügel. Den damit verbundenen Überraschungseffekt kann er vermutlich oft zur Flucht nutzen. Die ebenfalls gut getarnte Raupe lebt an verschiedenen Weiden- und Pappel-Arten. §

Eulenflügel (Schema)

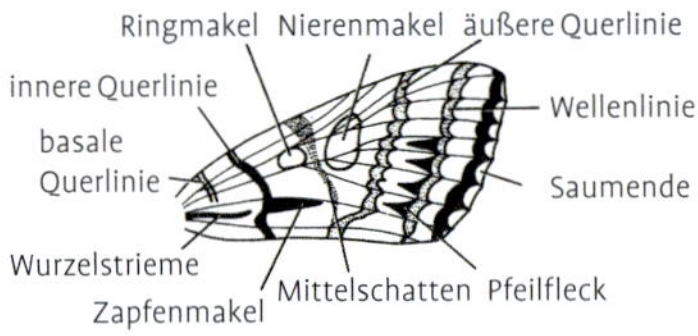

Blaues Ordensband

Catocala fraxini · Familie Eulen

Vorderflügel heller oder dunkler grau, mit meist kontrastreicherer Querlinienzeichnung als beim Roten Ordensband, in der Mitte mit deutlich abgesetztem, hellem Fleck. Jul–Okt

Hinterflügel schwarz mit gleichmäßig gebogener, blauer Querbinde. Mit 75–95 mm Flügelspannweite der größte heimische Eulenfalter. **Raupe** hellgrau, ähnlich der des Roten Ordensbands, doch auf dem 8. Segment mit einem dunklen Querwulst.

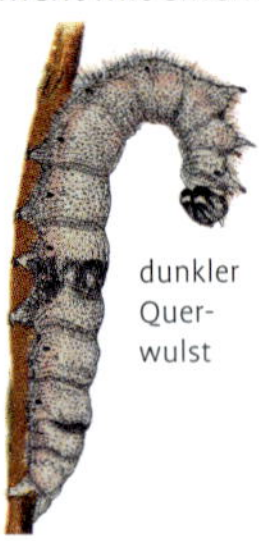

Vorkommen In meist etwas feuchten Laub- und Mischwäldern, vor allem in Auwäldern, gelegentlich auch an Pappelalleen und in Gärten; in M.-EU nicht häufig und vielerorts in letzter Zeit deutlich zurückgegangen.

Wissenswert! Das B. O. fliegt bereits kurz nach Einbruch der Dunkelheit, geht häufiger als die übrigen Ordensbänder an künstliche Lichtquellen und wird daher des Öfteren z. B. um Straßenlaternen fliegend beobachtet. Es saugt gern an überreifen Früchten oder an ausfließendem Saft verwundeter Eichen und lässt sich leicht mit Ködern anlocken. Die Eier werden an Baumrinde abgelegt, wo sie den Winter überdauern.

Die bis zu 8 cm lange Raupe entwickelt sich meist an Pappeln, seltener auch an Weiden, Birken und Erlen. In den Fresspausen schmiegt sie sich eng an einen Zweig oder in Vertiefungen der Baumrinde. Durch ihre abgeflachte Form und die fransenartige Behaarung ihrer Seitenränder verschmilzt sie dabei gleichsam mit ihrer Unterlage, weshalb sie nur äußerst schwer zu entdecken ist. Im Juni oder Juli verpuppt sie sich am Boden zwischen Moosen und trockenem Laub in einem lockeren Gespinst. §

Rotes Ordensband Falter in Schreckhaltung (links) und Raupe (rechts)

Blaues Ordensband in Schreckhaltung

Weidenkarmin

Catocala electa · Familie Eulen

Ähnlich dem Roten Ordensband (⇨ S. 44), doch Vorderflügel hellgrau mit dunklen Querlinien. Jul–Sep

Die äußere Querlinie bildet ein spitz auslaufendes „M"; Hinterflügel mit schwarzer, deutlich geknickter Mittelbinde, die vor dem Flügelrand endet. Spannweite 60–70 mm.

Vorkommen In feuchten Wäldern und am Ufer von Gewässern, besonders in Wärmegebieten, gelegentlich aber auch im Siedlungsbereich; überall ziemlich selten, aus vielen Gegenden bereits verschwunden.

Wissenswert! Der Falter saugt wie die anderen Ordensbänder gern an überreifem Obst und fliegt manchmal künstliche Lichtquellen an. Seine hellgraue Raupe hat einen hellbraunen Kopf und trägt auf dem 8. Segment einen weißen, unten schwarz umringten, spitzen Höcker. Sie entwickelt sich an schmalblättrigen Weiden-Arten. Das Ei überwintert. §

Großes Eichenkarmin

Catocala sponsa · Familie Eulen

Vorderflügel relativ dunkel, mit brauner Grundfärbung; Nierenmakel (⇨ S. 44) und Umgebung hell. Jul–Sep

Mittelbinde im Hinterflügel zweimal geknickt, bis zum Flügelrand reichend. Spannweite 60–70 mm. **Raupe** hell rotbraun, mit einem stumpfen Höcker auf dem 8. Segment.

Vorkommen In Laub- und Mischwäldern warmer Lagen; mehr im südlichen D; nicht häufig.

Wissenswert! Die Raupe entwickelt sich nur an Eichen. Das G. E. kommt oft zusammen mit dem Schwammspinner (⇨ S. 80) vor. Gegen diesen gerichtete Bekämpfungsmaßnahmen schaden auch dem G. E. §

Gelbes Ordensband

Catocala fulminea · Familie Eulen

Vorderflügel sehr kontrastreich gezeichnet, äußere Randbinde scharf gezackt und ein lang zugespitztes „M" bildend. Jun–Aug

Hinterflügel gelb mit 2 schwarzen Binden. Spannweite 45–72 mm. **Raupe** auf dem 8. Segment mit einem schmalen, rechtwinklig abstehenden Zapfen.

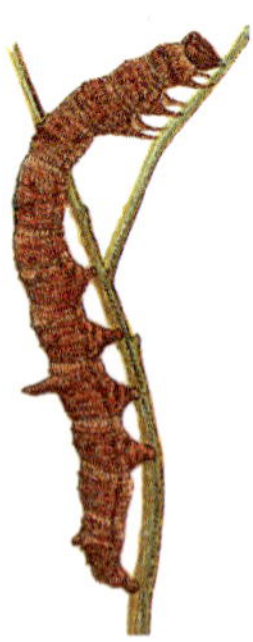

Vorkommen In lichten Wäldern, auf verbuschten Trockenrasen und in aufgelassenen Weinbergen; vorwiegend in Wärmegebieten, in M.-EU ziemlich selten.

Wissenswert! Die Raupe entwickelt sich in M.-EU offenbar ausschließlich an Schlehen. Zum Ruhen schmiegt sie sich eng an einen Zweig. Es überwintern die Eier. §

Schwarzes Ordensband

Mormo maura · Familie Eulen

Vorderflügel meist dunkel, mit dunkelbraun bis schwarz gefärbtem Mittelfeld. Jul–Sep

Hinterflügel dunkelbraun mit 2 hellen Querbinden. Spannweite 55–65 mm. **Raupe** graubraun mit helleren Schrägstreifen, Atemöffnungen orangefarben.

Vorkommen An stehenden oder fließenden Gewässern, z. B. in Auwäldern und Erlengebüschen; nicht häufig.

Wissenswert! Die Raupe versteckt sich tagsüber am Boden; nachts klettert sie auf die Zweige ihrer Futterpflanzen, z. B. Pappeln, Weiden oder Ulmen. Die Überwinterung erfolgt als Jungraupe, die Verpuppung später in einem Gespinst am Boden. §

Weidenkarmin in Schreckhaltung

Großes Eichenkarmin in Schreckhaltung

Gelbes Ordensband in Schreckhaltung

Schwarzes Ordensband

Braune Tageule

Euclidia glyphica · Familie Eulen

Vorderflügel braun mit dunkleren Querbinden; Hinterflügel dunkelbraun mit gelber Zeichnung. Mai–Aug

Spannweite 25–30 mm.
Vorkommen Auf feuchtem wie trockenem Grasland; überall häufig.
Wissenswert! Die B. T. gehört zu den wenigen tagaktiven Eulenfaltern. Sie legt ihre Eier an verschiedene Schmetterlingsblütler, die Futterpflanzen der Raupen, ab, manchmal aber auch an Grashalme in deren Nähe. Die schlanke Raupe ist gelblich mit vielen feinen, braunen Längsstreifen.

Scheck-Tageule

Euclidia mi · Familie Eulen

Vorderflügel grau mit dunklerem, weißlich eingefasstem Binden- und Fleckenmuster. Mai–Jun.

Hinterflügel dunkelbraun mit weißen oder gelblichen, z. T. in Einzelflecke aufgelösten Binden. Spannweite 25–30 mm.
Vorkommen An Waldrändern und in offenem Gelände, z. B. auf Trockenrasen und Bergwiesen; vielerorts häufig.
Wissenswert! Auch diese tagaktive Eule hat eine auffallend schmale Raupe. Diese ist braun mit hellem Seitenstreifen, sie entwickelt sich an Schmetterlingsblütlern.

Ackerwinden-Bunteulchen

Acontia trabealis · Familie Eulen

Vorderflügel gelblich weiß mit schwarzen Längsbinden und Punkten, Hinterflügel einfarbig weißgrau. Mai–Aug

Mit nur 18–20 mm Spannweite ein besonders kleiner Eulenfalter.
Vorkommen An sonnigen, trockenen Wegrändern, auf Brachflächen u. Trockenrasen; meist in Wärmegebieten; nicht häufig.
Wissenswert! Die Falter sind tag- und nachtaktiv und fliegen in 2 Generationen pro Jahr. Die sehr schlanke, braune Raupe trägt breite, gelbweiße Seitenstreifen. Sie entwickelt sich an der Acker-Winde. §

Violett-Gelbeule

Xanthia togata · Familie Eulen

Vorderflügel gelb mit braunviolettem Fleckenmuster, Hinterflügel weißlich. Aug–Okt

Spannweite 27–30 mm.
Vorkommen An Waldwegen, auf Feuchtwiesen und in Mooren; ziemlich häufig.
Wissenswert! Die spät im Jahr fliegende, nachtaktive V. legt ihre Eier meist an Weidenzweigen ab. Die bräunlichen Raupen schlüpfen im zeitigen Frühjahr. Sie bohren sich in Weidenkätzchen und fallen nach der Blütezeit mit diesen zu Boden. Dort wechseln sie zu krautigen Pflanzen über.

Buchen-Kahneule

Pseudoips prasinana · Familie Eulen

Vorderflügel kräftig hellgrün mit 2–3 weißen, oft undeutlichen Schrägstreifen. Mai–Aug

Spannweite 30–35 mm.
Vorkommen In Laub- und Mischwäldern; ziemlich häufig.
Wissenswert! In klimatisch günstigen Gebieten fliegen die Falter in 2 Generationen pro Jahr, in ungünstigeren nur in einer. Die grüne, mit feinen, gelben Punkten gezeichnete Raupe entwickelt sich vorwiegend an Buchen, aber auch an verschiedenen anderen Laubbäumen und Sträuchern.

Grüne Brombeer-Bandeule

Ophiusa tirhaca · Familie Eulen

Vorderflügel leuchtend hellgrün mit dunkelbrauner Nierenmakel und ebenso gefärbter, breiter Binde am Flügelsaum. Mär–Okt

Hinterflügel gelb mit dunkler Querbinde. Mit 65–70 mm Flügelspannweite eine auffallend große Eule.
Vorkommen Vorwiegend in den Tropen und Subtropen; in EU im Mittelmeergebiet, sehr vereinzelt auch in den Südalpen.
Wissenswert! Die G. B. fliegt jährlich in 2 Generationen. Ihre Raupe ist rötlich grau und dunkler gezeichnet.

Braune Tageule

Scheck-Tageule

Ackerwinden-Bunteulchen

Violett-Gelbeule

Buchen-Kahneule

Grüne Brombeer-Bandeule

Schwarzes C

Xestia c-nigrum · Familie Eulen

Vorderflügel am Vorderrand mit dreieckiger, gelblicher, schwarz umrahmter Zeichnung, die einem eckigen „C“ gleicht. Mai–Okt

Spannweite 38–42 mm. **Raupe** unscheinbar bräunlich.

Vorkommen In offenem Gelände, überall ziemlich häufig.

Wissenswert! Der leicht kenntliche Falter fliegt in 2–3 Generationen pro Jahr.

Achateule

Phlogophora meticulosa · Familie Eulen

Vorderflügel mit gezacktem Spitzenrand, in der Mitte mit dreieckiger Winkelzeichnung. Ganzjährig.

Spannweite 45–50 mm. **Raupe** braun oder grün.

Vorkommen An Waldrändern, in offenem Gelände und in Gärten; überall häufig.

Wissenswert! Die Raupe entwickelt sich an vielen verschiedenen Kräutern und Gehölzen.

Sicheleule

Laspeyria flexula · Familie Eulen

Vorderflügel hellbraun mit 2 gelblichen, dunkel gesäumten Querlinien und sichelförmig ausgezogener Spitze. Jul–Aug

Spannweite 23–27 mm. Ähnelt einem Sichelflügler (⇨ S. 72).

Vorkommen In Wäldern, auch in offenem Gelände; überall ziemlich häufig.

Wissenswert! Die blaugrüne, schwarz und weißlich gescheckte Raupe ernährt sich auf Bäumen von Flechten. Durch ihre Zeichnung ist sie auf flechtenbewachsenen Zweigen hervorragend getarnt.

Vielzahn-Johanniskrauteule

Actinotia polyodon · Familie Eulen

Vorderflügel hellbraun, Außenrand gezähnt, davor weißliche, stark gezackte Bindenzeichnung. Mai–Aug

Spannweite 27–30 mm.

Vorkommen Auf Waldlichtungen, an Waldrändern und in offenem, trockenem Gelände; nicht selten.

Wissenswert! Die V. fliegt jährlich in 2 Generationen. Ihre rotbraune, mit einem gelben Seitenstreifen gezeichnete Raupe entwickelt sich am Tüpfel-Johanniskraut. Sie frisst an den Blüten und Früchten und sitzt tagsüber meist frei am Stängel.

Zackeneule

Scoliopteryx libatrix · Familie Eulen

Vorderflügel mit gezacktem Außenrand, braun mit rosa Tönung und orangefarbener Zeichnung. Ganzjährig.

Spannweite 40–45 mm.

Vorkommen In Laubwäldern; häufig.

Wissenswert! Die Art fliegt jährlich in 2 Generationen. Da die Falter sehr langlebig sind, gehen die Generationen ohne zeitliche Trennung ineinander über. Die im Spätsommer geschlüpften Tiere suchen zur Überwinterung gern feuchte Keller und Höhlen auf. Die grüne Raupe entwickelt sich meist an Weiden.

Malachiteule

Staurophora celsia · Familie Eulen

Mit leuchtend blaugrünen, mit brauner Querbinde und braunem Rand gezeichneten Vorderflügeln. Sep–Okt

Spannweite 37–42 mm.

Vorkommen In lichten Kiefernwäldern und auf Heideflächen; nur im östlichen M.-EU und in einigen Südalpentälern; überall ziemlich selten.

Wissenswert! Die spät im Jahr fliegende M. legt ihre Eier an Gräsern ab, wo sie überwintern. Die weißliche, dunkel gepunktete Raupe entwickelt sich an den Graswurzeln und verpuppt sich im Spätsommer.

Schwarzes C

Achateule

Sicheleule

Vielzahn-Johanniskrauteule

Zackeneule 3 Falter an Höhlenwand

Malachiteule

Brauner Mönch

Cucullia verbasci · Familie Eulen

Vorderflügel mit gezacktem Außenrand, braun mit rosa Tönung und orangefarbener Zeichnung. Ƹ̵̡Ӝ̵̨̄Ʒ Apr–Mai

Auf dem Bruststück kapuzenartiger, heller Haarschopf, der den Kopf nach vorn überragt. Spannweite 45–50 mm. **Raupe** weißlich grau mit gelb-schwarzem Fleckenmuster.

Vorkommen An Wald- und Wegrändern, in Kiesgruben, auf Trockenrasen; ziemlich häufig.

Wissenswert! Der nachtaktive Falter setzt sich gern an dürre Pflanzenstängel und ist dort durch Gestalt und Färbung hervorragend getarnt. Die Raupen entwickeln sich meist an Königskerzen, daneben auch an Braunwurz-Arten. Sie sitzen tagsüber frei auf den Pflanzen und verpuppen sich am Boden in einem festen, braunen Kokon.

Ähnlich Der seltenere **Braunwurzmönch** *Cucullia scrophulariae* hat einen mehr grauen Flügelvorderrand. Seine Raupe sieht der des B. M. sehr ähnlich, weist aber eine etwas gröbere Zeichnung auf. §

Weißdorneule

Allophyes oxyacanthae · Familie Eulen

Vorderflügel dunkelbraun mit heller Ring- und Nierenmakel und hellem Spitzensaum. Ƹ̵̡Ӝ̵̨̄Ʒ Sep–Okt

Spannweite 35–45 mm.

Vorkommen An Waldrändern, Gebüschen und Heckenstreifen; ziemlich häufig.

Wissenswert! Die braunen bis fast schwarzen Raupen entwickeln sich meist an Schlehen, aber auch an Weißdorn und verschiedenen Obstbäumen. Mit ihrer etwas abgeflachten Körperform sind sie hervorragend getarnt, wenn sie eng an Zweige geschmiegt ruhen. Die Eier überwintern.

Gelbe Bandeule

Noctua fimbriata · Familie Eulen

Vorderflügel heller oder dunkler braun, aber immer mit hellerer Binde vor dem Außenrand. Ƹ̵̡Ӝ̵̨̄Ʒ Jun–Sep

Hinterflügel gelb, mit breiter, schwarzer Binde. Spannweite 45–55 mm. **Raupe** grünlich, an den Seiten schwarze Punkte.

Vorkommen An Waldrändern und in offenem Gelände; überall häufig.

Wissenswert! Die ähnliche **Hausmutter** *Noctua pronuba* hat fast einfarbig braune Vorderflügel und eine schmale schwarze Binde im gelben Hinterflügel.

Klosterfrau

Panthea coenobita · Familie Eulen

Vorderflügel und Körper weiß mit schwarzer Flecken- und Bindenzeichnung. Ƹ̵̡Ӝ̵̨̄Ʒ Mai–Aug

Hinterflügel fast einfarbig grau. Spannweite 40–50 mm.

Vorkommen In Wäldern, vorwiegend Fichtenwäldern; durch Fichtenanpflanzungen inzwischen weit verbreitet.

Wissenswert! Die rot-schwarze, mit schwarzen und weißen Borstenbüscheln behaarte Raupe lebt meist an Fichten, selten an anderen Nadelbäumen. Sie verpuppt sich am Zweig.

Forleule

Panolis flammea · Familie Eulen

Sehr variabel gefärbt, Vorderflügel hell gelbrot bis leuchtend rot oder weißlich grau. Ƹ̵̡Ӝ̵̨̄Ʒ Mär–Jun

Grünliche Zeichnungen und heller Ring- und Nierenmakel auf Vorderflügel. Spannweite 30–33 mm.

Vorkommen In Kiefernwäldern.

Wissenswert! Die Falter saugen gern an Weidenkätzchen. Die grüne, weiß gestreifte Raupe entwickelt sich meist an Kiefern, seltener an Fichten oder Tannen. Bei Massenentwicklung kann es zu Schädigungen in Kiefernkulturen kommen.

Brauner Mönch männlicher Falter (links) und Raupen (rechts)

Weißdorneule

Gelbe Bandeule

Klosterfrau

Forleule

Pfeileule

Acronicta psi · Familie Eulen

Vorderflügel hellgrau bis hell bräunlich, mit mehreren schwarzen, z. T. pfeilförmigen Längsstrichen. Mai–Aug

Spannweite 30–40 mm. **Raupe** mit grauer, rot gepunkteter Seitenbinde und gelbem Rückenband, auf dem 4. Segment mit langem, schwärzlichem Zapfen.

Vorkommen In Wäldern und Gebüschen, auch auf Streuobstwiesen und in Gärten verbreitet und fast überall häufig.

Wissenswert! Die nachtaktiven Falter fliegen oft künstliche Lichtquellen an und sind tagsüber häufig unter Lampen oder an Baumstämmen sitzend zu finden. Sie treten jährlich in 2 Generationen auf. Die Raupen sind aufgrund ihrer auffallenden Färbung ziemlich leicht an ihren Futterpflanzen, verschiedenen Laubbäumen und Sträuchern, zu entdecken.

Ähnlich Die seltenere **Dreizack-Pfeileule** *Acronicta tridens* ist nur durch eine Genitaluntersuchung sicher zu unterscheiden. Die Raupe hat einen viel niedrigeren Zapfen auf dem 4. Segment. **§**

Ahorneule

Acronicta aceris · Familie Eulen

Vorderflügel hellgrau mit nicht sehr deutlichen, dunkleren Zackenbinden. Mai–Aug

Spannweite 35–45 mm. **Raupe** graubraun mit rautenförmigen, schwarz-weißen Rückenflecken, dicht mit leuchtend gelben, im vorderen Rückenabschnitt auch roten Borstenbüscheln besetzt.

Vorkommen In Laubwäldern, an Alleen sowie in Parkanlagen und Gärten; nicht selten.

Wissenswert! Die nachtaktiven Falter fliegen gern ans Licht und sind tagsüber an Baumstämmen zu finden. Auch bei dieser Art steht die Auffälligkeit der Raupe in krassem Gegensatz zum unscheinbaren Erscheinungsbild des Falters.

Die Raupe entwickelt sich vorzugsweise an Eichen, Ahorn und Rosskastanien, doch auch an anderen Laubhölzern. Bei Bedrohung krümmt sie sich zu einer engen Spirale zusammen, wobei die pinselartigen Borstenbüschel sternförmig nach außen abstehen.

Abwehrhaltung

Erleneule

Acronicta alni · Familie Eulen

Vorderflügel heller oder dunkler grau mit kontrastreich abgesetztem, schwarzem Hinterrand und ebensolcher Querbinde. Mai–Jun

Spannweite 33–38 mm. **Raupe** im letzten Stadium schwarz mit breiten, gelben Querbinden und schwarzen, spatelförmig verbreiterten Borstenpaaren.

Vorkommen Vorwiegend in Laubwäldern, auch in Parkanlagen und Gärten; nicht selten.

Wissenswert! In den ersten Stadien ist der vordere Körperabschnitt der Raupe grünlich braun, der hintere dagegen weiß (Zeichnung). In der Ruhe biegt sie ihren Vorderkörper hakenförmig zurück und imitiert damit Vogelkot. Erst im letzten Stadium bekommt sie die im Foto gezeigte sehr auffällige Färbung, offenbar eine Warntracht, die an eine Wespe erinnern soll.

Pfeileule Falter tagsüber an Baumstamm (links) und Raupe (rechts)

Ahorneule Falter (links) und Raupe (rechts)

Erleneule Falter (links) und Raupe in typischer Ruhehaltung (rechts)

Totenkopfschwärmer

Acherontia atropos · Familie Schwärmer

Vorderflügel schiefergrau mit weißlichen Flecken und dunklen Zackenbinden, Hinterflügel gelb mit 2 braunen Querbinden; auf der Brust eine totenkopfähnliche Zeichnung. Mai–Okt

Spannweite 80–120 mm. **Raupe** fingerdick, bis 13 cm lang, braun, grün oder gelb, mit blauen Schrägstreifen an den Seiten und Horn am Ende.

Vorkommen Vorwiegend auf Kartoffeläckern und in der Nähe von Bienenstöcken; jahrweise in sehr unterschiedlicher Häufigkeit.

Wissenswert! Der auffallende Falter ist bei uns nicht heimisch, sondern fliegt als typischer Wanderfalter fast alljährlich aus seinen nordafrikanischen Ursprungsgebieten zunächst über das Mittelmeer und anschließend über die Alpen hinweg nach Mitteleuropa. Einigen Faltern gelingt unter besonders günstigen Wetterbedingungen sogar die Wanderung bis nach Skandinavien.

Obwohl der Rüssel des T. nur etwa 5 mm Länge erreicht, eignet er sich durchaus zur Nahrungsaufnahme. Der Falter sticht damit z. B. reife Früchte an. Nicht selten dringt er auch in Bienenstöcke ein und macht sich über den in den Waben gespeicherten Honig her. Dabei wird er aber meist von den Bienen überwältigt und getötet.

Die eindrucksvolle Raupe entwickelt sich bei uns am häufigsten an Kartoffelkraut. Im Spätsommer gräbt sie sich in den Boden ein und verpuppt sich dort in einer ovalen Höhle. Im Lauf des Winters geht die Puppe aber stets zugrunde, da sie die niedrigen Temperaturen nicht übersteht.

Ligusterschwärmer

Sphinx ligustri · Familie Schwärmer

Vorderflügel rötlich braun mit breitem, schwarzbraunem Längsstreifen, der zur Flügelspitze schmal ausläuft; Hinterflügel rosa mit 3 schwarzen Binden. Mai–Aug

Spannweite 90–120 mm. **Raupe** leuchtend grün mit hellerem Rücken, seitlich mit purpurroten und weißen Schrägstreifen; am Körperende ein gelbes Horn mit schwarzer Spitze.

Vorkommen Am häufigsten in Gärten und Parks, seltener in natürlichen Lebensräumen, z. B. in Auwäldern; in den letzten Jahren überall stark zurückgegangen.

Wissenswert! Der auffallend große Falter ist hauptsächlich nachtaktiv. Er taucht im Flug seinen langen Rüssel in Blütenkelche und tankt Nektar, ohne sich abzusetzen.

Die Raupe entwickelt sich an Ölbaumgewächsen, außer am Liguster auch an Esche, Flieder und Forsythie. Neuerdings wird sie auch am Spierstrauch, einem Rosengewächs, gefunden. Die helle Rückenfärbung der Raupe ist ein typisches Beispiel für die sog. Gegenschattierung. Weil das Tier meist an der Unterseite eines Zweigs sitzt, fällt ein Schatten auf seinen Rücken. Dieser ist an sich zwar heller gefärbt als der Bauch, was durch die Schattierung aber ausgeglichen wird, sodass die Raupe an Bauch- und Rückenseite gleich hell erscheint. Damit verliert sie für den Betrachter ihre plastische Erscheinung und wird nicht mehr als Raupe erkannt.

Bei Bedrohung hebt sie ihren Vorderkörper und nimmt die typische „Sphinx“-Haltung ein (rechtes großes Bild). Sie verpuppt sich in einer Erdhöhle, in der die Puppe überwintert. §

Totenkopfschwärmer Falter (links) und Raupe (rechts)

Ligusterschwärmer Falter (links) und Raupe in „Sphinx"-Haltung (rechts)

Windenschwärmer

Agrius convolvuli · Familie Schwärmer

Hinterkörper ähnlich wie beim Ligusterschwärmer (⇨ S. 56) mit roten und schwarzen Querbinden. Jun–Okt

Vorderflügel anders als beim Ligusterschwärmer graubraun mit feinen, dunkleren Strichen und Flecken; Rüssel deutlich länger als der Körper. Spannweite 80–120 mm. **Raupe** braun oder grün gefärbt mit hellen und dunklen Schrägstreifen.

Vorkommen Vorwiegend auf Äckern und im Siedlungsbereich; jahrweise ziemlich häufig.

Wissenswert! Der W. gehört wie der Totenkopfschwärmer (⇨ S. 56) zu den Wanderfaltern. Seine Raupe entwickelt sich bei uns an der Acker-Winde. Die Puppe weist eine sehr lange, bogenförmig abstehende Rüsselscheide auf.

Kiefernschwärmer

Sphinx pinastri · Familie Schwärmer

Vorderflügel graubraun mit einigen dunklen Strichen; Brustabschnitt seitlich mit 2 schwarzen Längsbinden. Mai–Aug

Spannweite 65–80 mm. **Raupe** grün oder bräunlich mit feiner, schwarzer Ringelung und weißlichen Längsstreifen.

Vorkommen Vor allem in Nadelwäldern, doch auch in Parks und Gärten; fast überall häufig, besonders auf Sandboden.

Wissenswert! In klimatisch begünstigten

Gegenden bildet die Art 2 Generationen pro Jahr aus. Die Raupe entwickelt sich an Kiefern, Fichten und einigen anderen Nadelbäumen. Sie verpuppt sich in der Nadelstreu am Boden, wo die Puppe überwintert.

Abendpfauenauge

Smerinthus ocellata · Familie Schwärmer

Hinterflügel innen rosa, außen gelb, dazwischen ein schwarzer, blau und schwarz umringter Augenfleck. Mai–Aug

Vorderflügel grau mit größeren, dunklen Flecken. Spannweite 70–80 mm. **Raupe** grün mit gelblichen Schrägstreifen.

Vorkommen In feuchten Wäldern und am Ufer von Gewässern, daneben auch in Gärten; fast überall ziemlich häufig.

Wissenswert! Bei Beunruhigung öffnet der Falter ruckartig seine normalerweise geschlossenen Vorderflügel und präsentiert zur Abschreckung die bunten Hinterflügel

mit den bedrohlich wirkenden Augenflecken. Die Raupe lebt meist an Weiden und Pappeln, frisst gelegentlich aber auch an Obstbäumen. §

Lindenschwärmer

Mimas tiliae · Familie Schwärmer

Vorderflügel am Außenrand mehrfach tief eingebuchtet, grünlich oder hellbraun mit breiter, dunkler Querbinde. Apr–Aug

Spannweite 55–70 mm.

Vorkommen In Laubwäldern, an Alleen und im Siedlungsbereich; nicht selten.

Wissenswert! Die Raupe ähnelt der des Abendpfauenauges, hat aber ein blaues, unterseits rotes Horn. Sie entwickelt sich an Linden, gelegentlich auch an anderen Laubbäumen.

Ähnlich Der ebenso häufige **Pappelschwärmer** *Laothoe populi* ist etwas größer und hat weniger kontrastreich gezeichnete Flügel; im Sitzen schiebt er seine Hinterflügel seitlich unter den Vorderflügeln hervor.

Windenschwärmer

Kiefernschwärmer

Abendpfauenauge in Schreckhaltung: Augenflecken sichtbar

Lindenschwärmer

Wolfsmilchschwärmer

Hyles euphorbiae · Familie Schwärmer

Vorderflügel hellbraun, mit dunkelbrauner, nach außen verschmälerter Binde, davor 3–4 dunkle Flecken; Hinterflügel rosa mit schwarzer Bindenzeichnung. Mai–Sep

Spannweite 55–75 mm. **Raupe** rot und gelb mit schwarzen Binden u. weißen Punkten.

Vorkommen An warmen, offenen Stellen, z. B. auf Sandtrockenrasen und kurzrasigen Schafweiden; in M.-EU vor allem in Wärmegebieten, in S-EU ziemlich häufig.

Wissenswert! Die Raupe entwickelt sich an verschiedenen Wolfsmilch-Arten, am häufigsten an der Zypressen-Wolfsmilch. Beim Fressen der Blätter nimmt sie das in dieser Pflanze enthaltene Gift auf und wird ihrerseits giftig. Ihre grell bunte Färbung soll mögliche Fressfeinde, etwa Vögel, aber auch Tiere, die sie unbeabsichtigt mit der Nahrung verschlucken könnten, beispielsweise Schafe, auf diesen besonderen Schutz hinweisen. Die Signalfärbung sorgt dafür, dass sich ein Verfolger, nachdem er einmal eine schlechte Erfahrung mit dieser Raupe gesammelt hat, deren unangenehme Eigenschaften besser einprägen kann. Auch der Falter enthält noch das Gift. Bei einer Störung, etwa wenn man ihn kurz mit dem Finger antippt, nimmt er eine auffallende Schreckhaltung ein, indem er plötzlich seine Vorderflügel auseinanderspreizt und dadurch die grell gefärbten Hinterflügel präsentiert. Diese Reaktion dürfte die gleiche Funktion haben wie die bunte Färbung der Raupe.

Anfangs leben die Jungraupen noch dicht beieinander, mit zunehmender Größe aber vereinzeln sie sich. Die Puppe überwintert in einer Erdhöhle. §

Labkrautschwärmer

Hyles gallii · Familie Schwärmer

Vorderrand der Vorderflügel mit einer dunkelbraunen Binde, die nach hinten mehrfach gebuchtet ist. Mai–Sep

Spannweite 60–80 mm. **Raupe** zunächst grün, nach der letzten Häutung hellbraun bis tiefschwarz mit einer Reihe runder, weißlicher Seitenflecke.

Vorkommen Gern an offenen Stellen mit Pioniervegetation, z. B. auf Kahlschlägen oder an Straßenrändern, auch auf Trockenrasen und Bergwiesen; in M.-EU nur sporadisch.

Wissenswert! Während die Falter recht selten zu beobachten sind, können die Raupen manchmal in größerer Anzahl gefunden werden. Sie entwickeln sich an verschiedenen Weidenröschen- und Labkraut-Arten. §

Linienschwärmer

Hyles livornica · Familie Schwärmer

Vorderflügel durch weiße Flügeladern deutlich hell gestreift. Mai–Sep

Spannweite 60–80 mm.

Raupe grün, bräunlich oder schwarz, mit hellen Längsstreifen und gelben bis rötlichen Seitenflecken.

Vorkommen Heimisch in Afrika und Asien; in EU nur an den Mittelmeerküsten, auf einigen Mittelmeerinseln und den Kanaren beständige Populationen.

Wissenswert! Der L. fliegt als typischer Wanderfalter gelegentlich über die Alpen hinweg nach M.-EU. Seine Raupe vermag sich an vielerlei Pflanzen zu entwickeln (z. B. an Weinreben, Weidenröschen, Labkraut, Löwenzahn oder Sauerampfer). §

Wolfsmilchschwärmer in Schreckhaltung

Labkrautschwärmer

Linienschwärmer

Mittlerer Weinschwärmer

Deilephila elpenor · Familie Schwärmer

Körperoberseite und Vorderflügel bräunlich olivgrün mit rosa bis violett gefärbten Längsstreifen; Bauchseite und Hinterflügel kräftig rosa mit schwarzem Vorderrand. Ƹ̵̡Ӝ̵̨̄Ʒ Mai–Aug

Spannweite 45–60 mm. **Raupe** grün, braun oder schwärzlich mit je 2 nierenförmigen Augenflecken auf den beiden vorderen Hinterleibssegmenten; Horn kurz, aber deutlich erkennbar.

Vorkommen Vor allem in Wäldern und an Gewässerufern, auch in Gärten; fast überall häufig, einer der häufigsten Schwärmer.

Wissenswert! Trotz seiner Häufigkeit wird der auffällige Falter nur selten beobachtet, da er eine rein nachtaktive Lebensweise führt. Umso öfter kann man der Raupe begegnen. Sie entwickelt sich an verschiedenen Weidenröschen-, Springkraut- und Labkraut-Arten, in Gärten vorwiegend an Fuchsien. Durch ihr Auftreten an letztgenannter Futterpflanze sorgt sie mitunter für Verstimmung der Gartenbesitzer, zumal das Erscheinungsbild der Raupen mit ihrer Größe von bis zu 8 cm und der abschreckend wirkenden Augenzeichnung sie nicht gerade zu Sympathieträgern werden lässt. Während die Jungraupen fast nur nachts fressen und sich tagsüber verbergen, nimmt die erwachsene Raupe oft auch tagsüber Nahrung auf und ist dann an der Pflanze kaum zu übersehen. Bei Bedrohung zieht sie den Kopf etwas ein, wodurch sich die vorderen Rumpfsegmente stark aufblähen; durch die Augenflecke entsteht jetzt der Eindruck einer gefährlichen kleinen Schlange. Die Verpuppung erfolgt am Erdboden in einem lockeren Gespinst. Die Puppe überwintert.

Kleiner Weinschwärmer

Deilephila porcellus · Familie Schwärmer

Vorder- und Hinterflügel bräunlich oliv, am Rand mit rotem Saum. Ƹ̵̡Ӝ̵̨̄Ʒ Mai–Aug

Spannweite 40–45 mm. **Raupe** braun, seltener auch grün oder schwärzlich; Augenflecke rund, Horn am Körperende weitgehend reduziert.

Vorkommen Vorwiegend in sonnigem, trockenem Gelände, z. B. auf Trockenrasen und an Wegrändern; überall ziemlich häufig.

Wissenswert! Der K. W. ist nicht so strikt nachtaktiv wie der Mittlere W. Oft kann man ihn schon in der Dämmerung beim Blütenbesuch beobachten, manchmal sogar tagsüber. Seine Raupe entwickelt sich offenbar nur an Labkraut-Arten.

Oleanderschwärmer

Daphnis nerii · Familie Schwärmer

Flügel mit einem sehr exotisch wirkenden, dunkelgrünen und rosafarbenen Muster auf hellgrünem Grund. Ƹ̵̡Ӝ̵̨̄Ʒ Ganzjährig.

Spannweite 90–130 mm. **Raupe** bis 12 cm lang, grün, auf dem 3. Segment 2 blauweiße Augenflecke.

Vorkommen In Afrika und Asien sowie im südlichen Mittelmeerraum; regional nicht selten.

Wissenswert! Der O. ist wie der Linienschwärmer (⇨ S. 60) ein sehr wärmebedürftiger Wanderfalter, der immer wieder Vorstöße nach Norden unternimmt, dabei aber nur selten das südliche D erreicht. Die Raupen entwickeln sich meist an Oleander. Die Falter fliegen in S-EU in 2–3 Generationen im Jahr.

Mittlerer Weinschwärmer

Kleiner Weinschwärmer

Oleanderschwärmer

Taubenschwänzchen

Macroglossum stellatarum · Fam. Schwärmer

Körper untersetzt, graubraun mit weißen Flecken an den Seiten des Hinterleibs, der wie ein Schwanz wirkt. Ganzjährig.

Vorderflügel grau, Hinterflügel gelborange. Spannweite 40–50 mm. **Raupe** hellgrün mit weißen Längsstreifen.

Vorkommen An Waldrändern, auf Trockenrasen und vor allem in Gärten jahrweise recht häufig.

Wissenswert! Dieser kleine Schwärmer wandert in günstigen Jahren in großer Zahl aus S-EU zu uns ein und schreitet hier zur Fortpflanzung. Die tagaktiven Falter saugen nach Art eines Kolibris im Rüttelflug vorzugsweise an langröhrigen Blüten. Die Raupen leben an Labkraut-Arten.

Nachtkerzenschwärmer

Proserpinus proserpina · Familie Schwärmer

Vorderflügel am Außenrand gebuchtet, in der Mitte mit breiter, dunkler Querbinde. Mai–Jun

Spannweite 37–42 mm. **Raupe** ohne Horn, grünlich oder braun, mit dunklen Augenflecken um die Atemöffnungen.

Vorkommen An warmen, feuchten Stellen, z. B. in Auwäldern oder Kiesgruben; ziemlich selten.

Wissenswert! Der N. beginnt seinen Flug bereits vor Eintritt der Dämmerung und ist dann im Schwirrflug an Natternkopf, Flieder oder Salbei zu beobachten. Seine Raupe entwickelt sich an Nachtkerzen oder Weidenröschen. Zur Verpuppung gräbt sie sich in den Boden ein. §

Hummelschwärmer

Hemaris fuciformis · Familie Schwärmer

Körper dicht pelzig gelb, rot und braun behaart; Flügel nur am Rand rotbraun beschuppt. Mai–Aug

Spannweite 40–47 mm. **Raupe** grün mit braunem Bauch, oft mit roten Ringen um die Atemöffnungen.

Vorkommen An Waldrändern, auf Blumenwiesen und Trockenrasen, in Parkanlagen und gelegentlich in Gärten; nicht selten.

Wissenswert! Der tagaktive Falter ähnelt einer Hummel und genießt dadurch offensichtlich einen gewissen Schutz vor Verfolgern. Beim Blütenbesuch setzt er sich aber nicht wie eine Hummel ab, sondern saugt den Nektar nach Schwärmerart im Schwirrflug.

Die Raupe entwickelt sich meist an der Roten Heckenkirsche. Der Falter legt seine kugeligen, hellgrünen Eier bevorzugt an den untersten Zweigen dieser Pflanze ab, wo sie verhältnismäßig leicht zu sehen sind. Sehr viel schwieriger ist es, später die hervorragend getarnte Raupe zu entdecken. Sie verpuppt sich am Boden in der Moosschicht. Überwinterungsstadium ist die Puppe. §

Ähnlich **Skabiosenschwärmer** *Hemaris tityus*, Flügelrand schmäler beschuppt und Körper deutlich heller (mehr gelblich) behaart. Die Art kommt vor allem auf blütenreichen Wiesen und Trockenrasen vor. Ihre grüne Raupe entwickelt sich an Witwenblumen, Skabiosen und Karden. §

Taubenschwänzchen

Nachtkerzenschwärmer

Hummelschwärmer

Mondvogel

Phalera bucephala · Familie Zahnspinner

Vorderflügel grau, an der abgestutzten Spitze mit einem runden, gelben Fleck; Vorderende ebenfalls etwas abgestutzt und gelb gefärbt. Ƹ̵̡Ӝ̵̨̄Ʒ Mai–Aug

Spannweite 42–55 mm. **Raupe** gelb, mit glänzend schwarzem Kopf und zahlreichen schwarzen, an den Segmentgrenzen unterbrochenen Längsbinden, nur die etwas breitere Rückenbinde durchgehend. Ähnelt der Raupe des Großen Kohlweißlings (⇨ S. 168), besitzt aber eine viel längere Behaarung.

Vorkommen In recht verschiedenen Lebensräumen, z. B. in Laubwäldern und Gebüschen, aber auch in Gärten und parkartigem Gelände; überall ziemlich häufig.

Wissenswert! Der Falter ahmt durch Gestalt und Färbung einen abgebrochenen Zweig nach. Sitzt er an einem Ast, ist er so nur schwer zu entdecken.

Als Futterpflanze der Raupe dienen zahlreiche verschiedene Laubbäume, u. a. Eiche, Birke, Buche, Linde und Sal-Weide. Die halbkugeligen, weißen, in der Mitte mit einem schwarzen Punkt gezeichneten Eier werden in dichten Eispiegeln an die Blattunterseite geheftet (linkes kleines Foto). Die Jungraupen bilden eine dicht gedrängte Gruppe und befressen als sogenannter „Raupenspiegel" zunächst gemeinsam das gleiche Blatt vom Rand her. Erst im letzten Häutungsstadium verteilen sie sich über den ganzen Zweig. Die Verpuppung erfolgt am Erdboden in einer dicht unter der Oberfläche liegenden Höhle. Überwinterungsstadium bei dieser Art ist die Puppe.

Buchen-Zahnspinner

Stauropus fagi · Familie Zahnspinner

Flügel heller oder dunkler graubraun mit 2 oft undeutlichen, hellen Zackenbinden. Ƹ̵̡Ӝ̵̨̄Ʒ Apr–Aug

Spannweite 45–60 mm. **Raupe** mit stark verlängerten Beinen, Hinterende verdickt und in 2 schmale Spitzen auslaufend.

Vorkommen In Laubwäldern, vor allem in Buchenwäldern; nicht selten.

Wissenswert! Der Falter schiebt im Sitzen seine breiten, runden Hinterflügel seitlich weit unter den Vorderflügeln hervor. Die Raupe entwickelt sich an vielen verschiedenen Laubbäumen, insbesondere aber an der Buche. In den ersten Stadien ist sie sehr schmal und erinnert stark an eine Ameise. Später wird sie zunehmend plumper Bei Bedrohung nimmt sie die abgebildete Schreckstellung ein (kleines Bild).

Erpelschwanz

Clostera curtula · Familie Zahnspinner

Vorderflügel hell rötlich braun mit großem, rotbraunem Spitzenfleck und sehr schmalen, weißlichen Querbinden. Ƹ̵̡Ӝ̵̨̄Ʒ Apr–Aug

Spannweite 27–35 mm. **Raupe** grau mit feinen, dunklen Längsbinden und gelblichen Flecken.

Vorkommen In Wäldern und offenem Gelände, auch in Gärten; ziemlich häufig.

Wissenswert! Im Sitzen strecken die Falter meist ihre Hinterleibsspitze zwischen den Flügeln hervor und heben sie wie ein Schwänzchen in die Höhe, was ihnen zu ihrem Namen verholfen hat. Die Raupe lebt an Pappeln und Weiden. Sie verbirgt sich tagsüber zwischen versponnenen Blättern und bevorzugt Stockausschläge und kleine Büsche.

Mondvogel Falter (links) und Raupen (rechts)

Buchen-Zahnspinner

Erpelschwanz

Großer Gabelschwanz

Cerura vinula · Familie Zahnspinner

Vorderflügel weißlich grau, vor dem Außenrand mit mehreren schmalen, dunklen Bogenlinien. Apr–Jul

Spannweite 45–70 mm. **Raupe** leuchtend grün mit schwarzbrauner Sattelzeichnung und gabelförmigen Körperanhängen; hinter dem Kopf ein roter Ring mit 2 schwarzen Augenflecken.

Vorkommen Z. B. an Wald- und Wegrändern, in Gebüschen und Kiesgruben; ziemlich häufig.

Wissenswert! Der nachtaktive Falter streckt in der Ruhehaltung seine dicht bepelzten Vorderbeine weit nach vorn. Futterpflanzen der Raupe sind Pappel- und Weidenarten, vorzugsweise Zitter-Pappel und Sal-Weide. Bei Störungen nimmt die Raupe eine bedrohlich wirkende Haltung ein: Sie zieht ihren Kopf ein, wodurch der Brustabschnitt anschwillt und der rote Ring mit den Augenflecken betont wird. Gleichzeitig biegt sie ihre Schwanzgabel nach oben und lässt an deren Spitzen 2 peitschenförmige, rote Fäden hervortreten. Unter ihrer Kopfkapsel wird jetzt im roten Ring ein Spalt erkennbar, aus dem sie dem Angreifer ein ätzendes Drüsensekret entgegenspritzen kann. Die Verpuppung erfolgt in einem festen Kokon am Stamm des Fraßbaums. §

Ähnlich

Weißer Gabelschwanz *Cerura erminea*

Diese deutlich seltenere Art hat eine weißliche Grundfärbung und eine etwas schwächere dunkle Flügelzeichnung. §

Buchengabelschwanz

Furcula furcula · Familie Zahnspinner

Vorderflügel hellgrau mit etwas dunklerer, schwarz begrenzter Querbinde. Mai–Jul

Spannweite 27–35 mm. **Raupe** ähnlich der des Großen Gabelschwanzes, aber deutlich kleiner; ohne roten Ring hinter der Kopfkapsel.

Vorkommen In trockenen wie in feuchten Laubwäldern u. Gebüschen; nicht häufig.

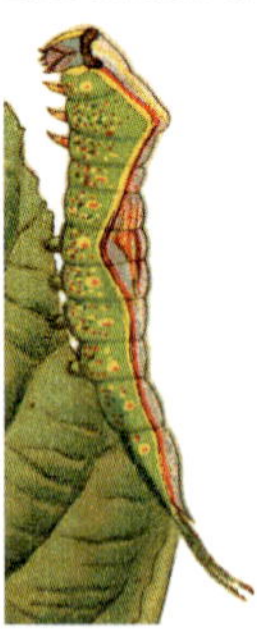

Wissenswert! Die Raupe entwickelt sich vorzugsweise an Buchen, Zitterpappeln und Sal-Weiden. In wärmeren Gebieten, z. B. in der Oberrheinebene, fliegen die Falter jährlich in 2 Generationen, in kühleren Gebieten nur in besonders warmen Jahren. Überwinterungsstadium ist die Puppe. §

Zickzackspinner

Notodonta ziczac · Familie Zahnspinner

Vorderflügel zimtbraun mit weißlichem, sichelförmigem Fleck. Apr–Sep

Spannweite 40–45 mm. **Raupe** bräunlich violett bis rosa, hinten orange-braun; auf den Segmenten 5, 6 und 11 je 1 kegelförmiger Höcker.

Vorkommen An etwas feuchten Waldwegen und Straßenrändern; ziemlich häufig.

Wissenswert! Die Falter fliegen in 2 Generationen pro Jahr. Die Raupe nimmt in Fresspausen meist eine stark gekrümmte Körperhaltung ein, in der sie kaum noch als Schmetterlingsraupe erkennbar ist. Möglicherweise wird sie in dieser Gestalt von Nahrung suchenden Vögeln übersehen.

Großer Gabelschwanz Falter (links) und Raupe in Drohhaltung (rechts)

Buchengabelschwanz

Zickzackspinner

Kamelspinner

Ptilodon capucina · Familie Zahnspinner

Vorderflügel rotbraun bis gelbbraun mit schwarzen Zackenbinden; am Hinterrand ein schwarzer, zahnartiger Fortsatz. Apr–Aug

Spannweite 35–40 mm.
Vorkommen In Wäldern und Gebüschen, auch in Parks und Gärten; in den meisten Gegenden ziemlich häufig.
Wissenswert! Der K. fliegt jährlich in 2 Generationen. Seine Raupe ist hellgrün, manchmal auch rötlich gefärbt, mit deutlich hellerem Rücken und schmaler, gelblicher Seitenlinie. Auf dem 11. Segment trägt sie 2 spitze, rote Höcker. Sie entwickelt sich an verschiedenen Laubbäumen, besonders an Birken, Buchen und Eichen. Wird sie durch eine Störung beunruhigt, krümmt sie ihren Vorderkörper halbkreisförmig nach hinten und verharrt für einige Zeit in dieser Schreckhaltung. Die Verpuppung erfolgt in einer Erdhöhle am Fuß des Fraßbaums, wo die Puppe überwintert.

Palpenspinner

Pterostoma palpina · Familie Zahnspinner

Unterkiefertaster stark verlängert und dicht behaart, im Sitzen weit nach vorn ausgestreckt. Apr–Aug

Vorderflügel gelbbraun, mit dreieckigem Zahnfortsatz am Hinterrand. Spannweite 35–55 mm. **Raupe** hell bläulich grün mit weißlichem Rücken und weißer Seitenlinie.
Vorkommen Vor allem in etwas feuchten Wäldern, an Wegrändern und in Gärten; häufig.
Wissenswert! Die Falter fliegen jährlich in 1–2 Generationen. Ihre Raupen entwickeln sich an Weiden- und Pappel-Arten, wobei die Jungraupen zunächst die Blattspitze beiderseits der Mittelrippe befressen und sich dann auf diese setzen. Überwinterungsstadium ist die Puppe.

Eichen-Prozessionsspinner

Thaumetopoea processionea · Familie Prozessionsspinner

Vorderflügel gräulich-braun mit 2 dunklen Querbinden. Jul–Sep

Spannweite 25–36 mm. **Raupe** bis 40mm lang, gräuliche Flanken und dunkles Rückenband, mit sehr langen weißlichen Haaren
Vorkommen Besiedelt werden trockene, lichte, eichenreiche Wälder, daneben auch Eichen-Alleen und Parks.
Wissenswert! Auffällig und namengebend sind die geselligen Raupen: In langen Prozessionen ziehen sie morgens und abends im „Gänsemarsch" zur Nahrungssuche und wieder zurück. Sie fressen insbesondere Eichenblätter. Gefürchtet ist das Massenvorkommen der Raupen, und mitunter müssen ganze Waldgebiete gesperrt werden.
Wie bei allen Prozessionsspinnern besitzen die Raupen des E. zahlreiche, weniger als 1 mm lange Brennhaare, die sie bei Gefahr „abschießen" können und die bei vielen Menschen erhebliche allergische Reaktionen (Hautausschläge, Atemnot) auslösen.

Ähnlich **Pinien-Prozessionsspinner**
Thaumetopoea pityocampa, in südeuropäischen Kiefernwäldern weit verbreitet, fehlt in D. Raupen bilden ballonförmiges Gespinst.

Kamelspinner

Palpenspinner

Eichen-Prozessionsspinner Falter (links) und Raupenprozession (rechts)

Großer Schneckenspinner

Apoda limacodes · Familie Schneckenspinner

Vorderflügel gelbbraun mit 2 schrägen Querbinden, die Fläche dazwischen beim ♂ dunkel, beim ♀ (großes Bild) hell. 🦋 Mai–Aug

Spannweite 20–30 mm. **Raupe** breit und flach, asselförmig, grün mit gelben Punkten und 2 gelben Längsbinden.

Vorkommen Meist an Waldrändern; ziemlich häufig.

Wissenswert! Die merkwürdige Raupe entwickelt sich an verschiedenen Laubhölzern, meist an Eichen. Sie scheidet ein klebriges, an der Unterlage haftendes Sekret ab, auf dem sie sich wie eine Schnecke kriechend fortbewegt. Im Herbst verpuppt sie sich in einem ziemlich festen Kokon an der Unterseite eines Blatts und lässt sich mit diesem zu Boden fallen.

Heller Sichelflügler

Drepana falcataria · Familie Sichelflügler

Vorderflügel hellbraun mit dunklen Wellenlinien und nach hinten gerichteter Spitze, daneben ein violetter Fleck. 🦋 Apr–Aug

Spannweite 27–35 mm. **Raupe** grün mit braunem Rücken, am Hinterende zugespitzt.

Vorkommen An Waldrändern und in Feuchtgebieten, aber auch in Parks und Gärten; ziemlich häufig.

Wissenswert! Der Falter fliegt in 2 Generationen pro Jahr. Die Raupe entwickelt sich meist an Birken, seltener an Erlen. Sie klappt den Rand eines Blatts nach oben um, spinnt ihn an der Blattfläche fest und lebt in der so entstandenen Tasche, in der sie sich auch verpuppt. Die Puppe überwintert.

Roseneule

Thyatira batis · Familie Eulenspinner

Vorderflügel braun mit porzellanartig glänzenden, weißen, in der Mitte rosa gefärbten Flecken. 🦋 Mai–Aug

Spannweite um 32–38 mm. **Raupe** in den ersten Stadien grünlich, später braun mit dreieckigen Rückenflecken.

Vorkommen An Waldwegen und in Gärten weit verbreitet und z. T. recht häufig.

Wissenswert! Der nachtaktive Falter fliegt jährlich meist in 2 Generationen. Die Raupe entwickelt sich vorzugsweise an Brombeer- oder Himbeersträuchern. Sie sitzt oft frei auf der Blattoberseite. Durch ihre stark gekrümmte Sitzhaltung erinnert sie an Vogelkot und wird daher wohl als Beute verschmäht.

Achateulenspinner

Habrosyne pyritoides · Familie Eulenspinner

Vorderflügel mit einer sehr aparten, zimtbraunen und weißen Zeichnung, die an geschliffenen Achat erinnert. 🦋 Mai–Aug

Spannweite 35–40 mm. **Raupe** rotbraun mit einem weißen, dunkel umrandeten Fleck an den Seiten des 4. Segments.

Vorkommen An Waldwegen, auf Lichtungen und an Waldrändern; im Allgemeinen nicht selten.

Wissenswert! Die Raupe ist nachtaktiv und hält sich tagsüber zwischen Blättern oder am Boden verborgen. Sie entwickelt sich an Himbeer- und Brombeersträuchern und verpuppt sich zwischen zusammengesponnenen Blättern. Mit diesen fällt die Puppe im Herbst zu Boden, wo sie überwintert.

Großer Schneckenspinner

Heller Sichelflügler

Roseneule

Achateulenspinner

Kupferglucke

Gastropacha quercifolia · Familie Glucken

Flügel rotbraun, leicht violett glänzend, Außenränder wellenförmig gebuchtet. Jun–Aug

Spannweite 50–90 mm.
Vorkommen An Waldrändern und Heckenstreifen, auf verbuschenden Trockenrasen, in Obstwiesen und Gärten; früher regional ziemlich häufig, in letzter Zeit fast überall stark zurückgegangen, gebietsweise ganz verschwunden.
Wissenswert! Der nachtaktive Falter klappt im Sitzen seine Vorderflügel dachförmig zusammen und schiebt die Hinterflügel seitlich darunter hervor. Da Form und Farbe der Flügel trockenes Laub imitieren, ist das Tier bei Tage hervorragend getarnt. Die unscheinbar grau gefärbte Raupe ist sehr flach und trägt an den Seitenrändern lange Haarfransen. Sie schmiegt sich eng an Zweige an und ist so ebenfalls kaum noch zu entdecken. Sie ernährt sich vom Laub verschiedener Bäume und Sträucher. §

Grasglucke

Euthrix potatoria · Familie Glucken

Vorderflügel auffallend kurz und breit, beim ♂ (großes Bild) rotbraun, beim ♀ gelbbraun mit 2 kleinen, gelblichen Flecken. Jun–Aug

Spannweite 45–65 mm. **Raupe** bräunlich, an den Seiten mit einer Reihe aus weißen Haarbüscheln.
Vorkommen In Wäldern und etwas feuchtem, grasigem Gelände; ziemlich häufig.
Wissenswert! Der nachtaktive Falter fliegt gern künstliche Lichtquellen an.

Das Weibchen legt seine ovalen, grünlich weißen Eier in kleinen Gruppen an Gräsern und anderen Pflanzen ab. Die Raupe ernährt sich von Süßgräsern und Seggen. Bei der Überwinterung sitzt die Jungraupe frei an Pflanzenstängeln.

Kleine Pappelglucke

Poecilocampa populi · Familie Glucken

♀ deutlich größer als ♂. Vorderflügel dunkelgrau mit violettem Schimmer und feinem, gelblichem Zeichnungsmuster. Okt–Dez

Spannweite 30–45 mm. **Raupe** unscheinbar grau, mit etwas abgeflachtem Körper.
Vorkommen An Waldrändern und in Gebüschen; nicht selten.
Wissenswert! Die Art fliegt regelmäßig an künstliche Lichtquellen. Das Weibchen legt seine Eier in kleinen Gruppen an Baumrinde ab, wo sie überwintern. Die vorwiegend

nachtaktive Raupe ruht tagsüber eng an Zweige geschmiegt und ist daher schwer zu finden. Im Sommer gräbt sie sich in den Erdboden ein und verpuppt sich dort in einem festen schwärzlichen Kokon.

Brombeerspinner

Macrothylacia rubi · Familie Glucken

♂ deutlich kleiner als ♀. Vorderflügel beim ♂ (großes Bild) rotbraun mit 2 schmalen, hellen Querbinden, ♀ mehr graubraun. Mai–Jul

Spannweite 40–65 mm. **Raupe** dunkel rotbraun, mit grauen und schwarzen Haarbüscheln, in jüngeren Stadien mit auffallenden, hellen Segmenteinschnitten (Zeichnung).
Vorkommen Vorwiegend auf grasigem Gelände und an Wegrändern; häufig.

Wissenswert! Während die Weibchen nachtaktiv sind, fliegen die Männchen tagsüber sehr flink umher. Die Raupe ernährt sich von den verschiedensten Gräsern und Holzgewächsen. Sie überwintert ausgewachsen und verpuppt sich im Frühjahr.

Kupferglucke

Grasglucke

Kleine Pappelglucke

Brombeerspinner

Eichenspinner

Lasiocampa quercus · Familie Glucken

Vorderflügel beim ♂ dunkelbraun mit weißem, dunkel umrandetem Punkt und gelber Querbinde. ƸƷ Jun–Aug

♀ viel heller und weniger kontrastreich gezeichnet als das ♂. Spannweite 45–75 mm. **Raupe** hellbraun behaart, mit schwarzen Segmenteinschnitten und weißen Seitenzeichnungen.

Vorkommen In lichten Wäldern und an Waldrändern; regional häufig, in den Alpen bis über die Baumgrenze.

Wissenswert! Die Männchen fliegen tagsüber auf der Suche nach ihren nachtaktiven Partnerinnen sehr flink umher. Die Raupen ernähren sich von den Blättern vieler verschiedener Holzgewächse, aber kaum von Eichenblättern. §

Kleespinner

Lasiocampa trifolii · Familie Glucken

♂ (Bild) mit ähnlicher Vorderflügel-Zeichnung wie beim Eichenspinner, doch Färbung mehr zimtbraun bis graubraun. ƸƷ Jul–Sep

♀ mit sehr schwacher oder fehlender heller Binde. Spannweite 40–55 mm.

Vorkommen Vorwiegend in trockenem, grasigem Gelände, seltener auf Feuchtwiesen; in M.-EU weit verbreitet und gebietsweise häufig.

Wissenswert! Auch bei dieser Art fliegen die Männchen tagsüber, besonders aber in der Dämmerung, während die Weibchen nachtaktiv sind. Gleich nach der Paarung beginnt das Weibchen mit der Eiablage, bei der es die Eier im Flug verstreut. Die Raupe ähnelt sehr derjenigen des Eichenspinners, anders als diese entwickelt sie sich jedoch vorwiegend an verschiedenen Schmetterlingsblütlern. Meist überwintert das Ei, bisweilen aber anscheinend auch die Jungraupe.

Wolfsmilch-Ringelspinner

Malacosoma castrensis · Familie Glucken

Vorderflügel beim ♂ (großes Bild) ockergelb mit rötlich brauner, z. T. hell gefüllter Querbinde. ƸƷ Jun–Aug

♀ rötlich braun mit gelblichen Querbinden. Spannweite 25–35 mm. **Raupe** blaugrau mit rotgelben und schwarzen Längsstreifen.

Vorkommen Auf sandigen oder steinigen Magerrasen; vorwiegend im süddeutschen Bergland, im nördlichen D selten.

Wissenswert! Das Weibchen legt seine Eier in ringförmigen Gelegen um Pflanzenstängel, wo sie überwintern. Die Raupen fressen Zypressen-Wolfsmilch und andere krautige Pflanzen. §

Beim ähnlichen **Ringelspinner** *Malacosoma neustria* ist das ♂ als Falter meist dunkler, das ♀ heller gefärbt.

Kiefernspinner

Dendrolimus pini · Familie Glucken

Vorderflügel grau mit breiten rotbraunen und schmalen dunkelbraunen Querbinden; ♂ viel dunkler als das ♀ (großes Bild). ƸƷ Jun–Aug

Spannweite 45–70 mm. **Raupe** hellgrau, auf dem Rücken mit einer Längsreihe von eckigen rotbraunen, dunkel eingefassten Flecken.

Vorkommen In Kiefernwäldern nicht selten.

Wissenswert! Die Raupe frisst meist an Wald-Kiefern. Gelegentlich kommt es zu Massenvermehrungen mit z. T. großflächigem Kahlfraß, allerdings seltener als bei der Nonne (⇨ S. 80). Die Raupe überwintert am Waldboden. Im Frühjahr steigt sie wieder in die Baumkrone und verpuppt sich schließlich zwischen den Nadeln.

Eichenspinner

Kleespinner

Wolfsmilch-Ringelspinner

Kiefernspinner

Buchenstreckfuß

Calliteara pudibunda · Familie Trägspinner

Vorderflügel meist hellgrau mit einer unscharf begrenzten, dunkleren Querbinde etwa in der Flügelmitte, oft aber auch mehr oder weniger verdunkelt bis fast schwarz. Apr–Jul

Beine, besonders die Vorderbeine, lang und pelzig behaart; Fühler des ♂ (kl. Foto) deutlich gekämmt, beim ♀ einfach fadenförmig. Spannweite 40–45 mm. **Raupe** meist gelblich grün mit schwarzen Segmenteinschnitten, 4 weißen oder gelben, an Rasierpinsel erinnernden Borstenbüscheln auf den Segmenten 4–7 und einem dünneren roten Schwanzpinsel am Hinterende.

Vorkommen In Laubwäldern; häufig.

Wissenswert! Die nachtaktiven Falter nehmen tagsüber eine charakteristische Ruhehaltung ein: Sie strecken ihre pelzig behaarten Vorderbeine schräg nach vorn, eine Eigenart, die zum Namen Streckfuß führte. Durch Färbung und Haltung sind die Falter z. B. auf Baumrinde bestens getarnt.

Die Raupen entwickeln sich an zahlreichen verschiedenen Laubhölzern, etwa an Buchen, Eichen oder Birken. Insgesamt hat man sie schon an über 20 unterschiedlichen Baumarten gefunden. Neben der hier abgebildeten treten auch noch weitere Färbungsvarianten auf, z. B. Exemplare, die vorn gelbe oder hellbraune und hinten schwarze Haarpinsel besitzen. Die verschiedenen Färbungen kommen bei beiden Geschlechtern vor. Überwinterungsstadium ist beim B. die in einem Gespinst liegende Puppe.

Schlehenspinner

Orgyia antiqua · Familie Trägspinner

Beim ♂ (großes Bild) Spannweite 25–30 mm, Vorderflügel rostbraun, am Innenwinkel des Flügelsaums ein weißer Fleck. Jun–Okt

♀ plump, grau gefärbt, Flügel zu winzigen Stummeln reduziert. **Raupe** blaugrau, mit roten Punktwarzen sowie gelben und schwarzen Haarpinseln.

Vorkommen In Wäldern und offenem Gelände; überall häufig.

Wissenswert! Die Weibchen lassen sich auf dem Kokon begatten und legen auch hier ihre Eier ab. Die Raupen entwickeln sich an verschiedenen Sträuchern und krautigen Pflanzen.

Schwan

Sphrageidus similis · Familie Trägspinner

Schneeweißer, lang behaarter Falter; Hinterleibsende mit dichter, goldgelber Wolle. Apr–Jul

Spannweite 28–35 mm. **Raupe** sehr bunt, schwarz mit roter Rückenbinde und seitlich davon weißer Fleckenreihe. Beim Falter des ähnlichen **Goldafter** *Euproctis chrysorrhoea* ist die Hinterleibswolle rotbraun.

Vorkommen An feuchten Wald- und Wegrändern; vielerorts nicht selten.

Wissenswert! Die Raupe entwickelt sich an Laubgehölzen. Das Weibchen heftet sein Eigelege an die Unterseite eines Blatts und bedeckt es mit einer dichten Schicht seiner Hinterleibswolle. Die Jungraupe überwintert, versteckt in Falllaub oder Holzritzen, in einem Kokon.

Buchenstreckfuß Falter (links) und Raupe (rechts)

Schlehenspinner

Schwan

Schwammspinner

Lymantria dispar · Familie Trägspinner

Spannweite 32–55 mm; Geschlechter sehr verschieden gefärbt: ♂ (linkes großes Foto) mit braunen Vorderflügeln, die mit schmalen, dunklen Zackenbinden gezeichnet sind. 🦋 Jun–Sep

♀ (rechtes großes Bild) deutlich größer als das ♂, Vorderflügel weiß, ebenfalls mit dunklen Binden. **Raupe** sehr variabel gezeichnet, grau mit hellbraunem Kopf und roten bis braunen Rückenflecken, die aber auch fehlen können.

Vorkommen Vorzugsweise in Laubwäldern und Obstgärten wärmerer Lagen, jahrweise in sehr unterschiedlicher Häufigkeit.

Wissenswert! Die Männchen besitzen sehr große, fein gefiederte Fühler, mit deren Hilfe sie tagsüber nach den meist träge an den Baumstämmen sitzenden Weibchen suchen. Diese legen ihre Eier am Stamm ab und bedecken das Gelege mit den abgeriebenen Haaren ihrer Hinterleibsspitze. Die Eier überwintern, im Frühjahr schlüpfen die winzigen Raupen. Mit Hilfe ihres langen Haarkleids lassen sich diese vom Wind über größere Strecken davontragen. Danach fressen sie an verschiedenen Laubbäumen, insbesondere an Eichen.

Wenn zur Schlupfzeit und während der Raupenentwicklung günstige Witterung herrscht, kann es zur Massenvermehrung der Art kommen. Dann sind die Raupen weniger wählerisch und fallen über alle erreichbaren Pflanzen, auch z. B. über Nadelbäume, her. Im Extremfall können sie große Gebiete völlig entlauben. Solche übermäßigen Populationen brechen aber spätestens nach einigen Jahren in sich zusammen, da sich in der Folge parasitische Insekten stark vermehren, die die Falter wieder dezimieren.

Nonne

Lymantria monacha · Familie Trägspinner

Bei beiden Geschlechtern Flügel weiß mit schwarzen Zackenbinden und punktförmigen Flecken, oft stark verdunkelt bis hin zu fast einheitlicher Schwarzfärbung. 🦋 Jun–Sep

Fühler des ♂ mit sehr langen Kammzähnen. Spannweite 30–50 mm. **Raupe** dunkelbraun, mit bläulichen, lang beborsteten Punktwarzen, auf dem Rücken meist mit einem weißlichen Fleck, der aber auch fehlen kann.

Vorkommen In M.-EU in Laub- und Nadelwäldern weit verbreitet, im Gegensatz zum Schwammspinner mehr in kühleren Gebieten; normalerweise in geringer Individuendichte, doch kann es auch zu Massenvermehrungen kommen.

Wissenswert! Die Eiablage erfolgt meist im unteren Bereich von Baumstämmen in Gruppen von etwa 20–100 Stück. Wie beim Schwammspinner besitzen die Jungraupen ein langes, dichtes Haarkleid, das ihnen einen Transport auf dem Luftweg ermöglicht. Sie seilen sich hierzu an einem Faden ab und lassen sich vom Wind davontragen. Die Entwicklung erfolgt an verschiedenen Laub- und Nadelbäumen, auch an niedrigen Sträuchern, vorzugsweise aber an Buchen und Eichen.

Massenvermehrungen finden dagegen nur an Fichten und Kiefern in Monokulturen statt. Hierbei kann es zu großflächigem Kahlfraß kommen. Durch solche Kalamitäten werden aus der Umgebung viele Feinde der Nonne angelockt, etwa Raupenfliegen und Puppenräuber. Vor allem Letzterer, ein flugtüchtiger Laufkäfer, profitiert sehr von dem überreichen Angebot an Beutetieren und kann sich zusammen mit den übrigen Raupenvertilgern stark vermehren.

Schwammspinner Männchen (links) und Weibchen mit Eigelege (rechts)

Nonne helles Männchen (links) und dunkles Männchen (rechts)

Kleines Nachtpfauenauge

Saturnia pavonia · Familie Pfauenspinner

Vorder- und Hinterflügel mit jeweils einem markanten Augenfleck. ♂ (großes Bild) deutlich kleiner als das ♀. 🦋 Mär–Jun

Vorderflügel beim ♂ dunkelgrau mit weißen und roten Zeichnungen, Hinterflügel dottergelb; beim ♀ beide Flügel grau. Spannweite 60–85 mm. **Raupe** leuchtend grün mit schwarzen Querbinden, in denen gelbe oder rosafarbene, borstentragende Warzen liegen (kleines Bild rechts).

Vorkommen In offenem, trockenem wie feuchtem Gelände, z. B. an Waldrändern, auf Trockenrasen, in Feuchtheiden und auf Sumpfwiesen; nicht selten.

Wissenswert! Während die Weibchen nur nachts fliegen, sind die Männchen auch tagsüber in rasantem Flug unterwegs. Die ovalen, braunen Eier werden ringförmig an Zweigen abgelegt. Die Raupe entwickelt sich an den krautigen und holzigen Pflanzen. Zur Verpuppung stellt sie einen kunstvollen, festen Kokon her (kleines Bild links). Die Puppe überwintert. §

Wiener Nachtpfauenauge

Saturnia pyri · Familie Pfauenspinner

Mit 100–130 mm Flügelspannweite einer der größten mitteleuropäischen Schmetterlinge; ähnlich dem Kleinen Nachtpfauenauge, doch Färbung deutlich dunkler. 🦋 Apr–Jun

♂ und ♀ gleich gefärbt. **Raupe** bis 12 cm lang, grün, mit hellblauen, borstentragenden Hautwarzen.

Vorkommen Vorwiegend in Parkanlagen und Obstplantagen; nur im südlichen und östlichen M.-EU, z. B. in den Südalpen und im östlichen Österreich; in D fehlend.

Wissenswert! Der Falter wird in Europa immer seltener und ist aus vielen ehemaligen Vorkommensgebieten bereits ganz verschwunden. Seine Raupe entwickelt sich an verschiedenen Laubbäumen und zeigt dabei eine besondere Vorliebe für Obstbäume wie Pfirsich, Apfel und Kirsche. Hierdurch erklärt sich der Vorkommensschwerpunkt des W. N. auf intensiv genutzten Obstanbauflächen, was der Art zum Verhängnis zu werden droht, da gerade in diesen Gebieten sehr viel Gift ausgebracht wird.

Die Mundwerkzeuge der Falter sind wie bei allen Pfauenspinnern verkümmert, sodass die fertigen Schmetterlinge keine Nahrung aufnehmen können. Sie sind während ihrer kurzen Flugphase ganz auf die in der Raupenzeit gebildeten Reserven angewiesen.

In der Vergangenheit wurde versucht, die Art auch in Süddeutschland anzusiedeln, was aber trotz Aussetzung einer hohen Zahl von Faltern nicht gelang. Die Tiere konnten zwar z. T. noch mehrere Nachfolgegenerationen hervorbringen, doch alle angesiedelten Populationen waren schon bald wieder erloschen. §

Kleines Nachtpfauenauge   Männchen mit dottergelbem Hinterflügel

Wiener Nachtpfauenauge

Nagelfleck

Aglia tau · Familie Pfauenspinner

Flügel ockergelb, jeder mit einem blau gekernten Augenfleck, der innen eine weiße, nagelförmige Zeichnung trägt; Grundfärbung oft verdunkelt, manchmal fast schwarz. Ƹ̵̡Ӝ̵̨̄Ʒ Apr–Jun

Spannweite 55–85 mm. **Raupe** hellgrün, in den ersten Stadien mit 5 rot-weiß geringelten, an der Spitze z. T. gegabelten Rückendornen, die nach der 4. Häutung fehlen.

Vorkommen In verschiedenen Laubmischwäldern, vor allem solchen mit hohem Buchenanteil; in den meisten Gegenden nicht selten.

Wissenswert! Ähnlich wie bei den Nachtpfauenaugen (⇨ S. 82) suchen die Männchen tagsüber nach den meist dicht über dem Boden sitzenden Weibchen. Nicht selten umschwirren dann mehrere paarungswillige Männchen das gleiche Weibchen. Dies geschieht vorwiegend Ende April, wenn die Buchen gerade austreiben. Der Flug der Männchen ist weniger rasant als bei den Nachtpfauenaugen, sodass sich die Falter leichter beobachten lassen.

Nach der Paarung legt das Weibchen die braunen Eier ringförmig um Zweige der Futterpflanze, meist von Buchen, doch auch anderer Laubbäume wie Birken, Eichen oder Linden. Die Raupen halten sich vorwiegend im Kronenbereich der Bäume auf, fallen aber in Gewitterstürmen oft zu Boden. Im Sommer spinnen sie sich am Waldboden einen Kokon, in dem kurz darauf die Verpuppung erfolgt. Die Puppe überwintert. §

Birkenspinner

Endromis versicolora · Familie Birkenspinner

Flügel beim ♂ (rechtes gr. Foto) dunkelbraun, beim ♀ (linkes gr. Foto) heller, mit weißem und schwarzem Streifenmuster und 3 dreieckigen Flecken vor der Vorderflügelspitze. Ƹ̵̡Ӝ̵̨̄Ʒ Mär–Mai

Spannweite 50–60 mm. **Raupe** unbehaart, zunächst schwärzlich, später grün mit gelblich weißen Schrägstreifen.

Vorkommen In feuchten, meist etwas lichten Wäldern und Gebüschen, in denen Birken dominieren, daneben auch in trockenen, offenen Gebieten mit aufkommendem Birkenjungwuchs; nicht häufig und vielerorts in letzter Zeit im Bestand deutlich zurückgegangen.

Wissenswert! Die Art zeigt ein ähnliches Paarungsverhalten wie die Pfauenspinner. Auch hier suchen die Männchen im zeitigen Frühjahr in wildem Flug tagsüber nach den lockenden Weibchen, die meist in Bodennähe an Zweigen sitzen. Im Unterschied zu den Pfauenspinnern werden die Flügel aber in der Ruhehaltung nicht ausgebreitet, sondern dachförmig über dem Körper angewinkelt.

Die Eier werden an Birkenzweigen abgelegt. Die vorn verschmälerten Raupen leben zunächst gesellig in dichten Trauben. Bei einer Störung biegen alle zugleich ihren Vorderkörper zu einem Viertel- bis Halbkreis von der Unterlage weg, sodass sich ein recht bizarres Bild ergibt. Sie fressen zunächst gemeinsam einen Zweig von der Spitze her weitgehend kahl. Nach der dritten Häutung zerstreuen sie sich und fressen einzeln. Sie steigen getrennt zum Erdboden hinab und verpuppen sich dort in einem Kokon aus Gespinstfäden und Erde. Die Puppe überwintert. §

Nagelfleck

Birkenspinner Weibchen bei der Eiablage (links) und Männchen (rechts)

Brauner Bär

Arctia caja · Familie Bärenspinner

Auffallend bunter, plumper Nachtfalter; Vorderflügel dunkelbraun mit weißem Bindenmuster, Hinterflügel rot mit runden schwarzen, blau glänzenden Flecken. Jul–Sep

Spannweite 45–65 mm. **Raupe** schwarz, mit weißen Punktwarzen, auf den vorderen 3 Rumpfringen und an den Seiten mit langer, fuchsroter, am Rücken der restlichen Segmente mit noch längerer schwärzlicher und grauer Behaarung.

Vorkommen Vorzugsweise an etwas feuchten, offenen oder halbschattigen Stellen, z. B. an Waldwegen und in Flussauen, auch in Parks und Gärten; nicht selten.

Wissenswert! Der Falter ist nachtaktiv und wird daher trotz seiner Häufigkeit selten beobachtet. Regelmäßig fliegt er künstliche Lichtquellen an, erscheint dort aber kaum vor Mitternacht. Tagsüber ruht er meist in dichter Vegetation mit aneinandergelegten Vorderflügeln. Wird er beunruhigt, etwa indem man ihn kurz antippt, spreizt er, wie im Bild zu sehen, die Vorderflügel auseinander und präsentiert seine leuchtend roten Hinterflügel. Gleichzeitig legt er die Fühler eng aneinander und winkelt den Kopf an; dabei erscheint im Nacken ein sonst nicht sichtbarer, rot behaarter Halsring.

Der Name „Bär" bezieht sich nicht auf den Falter, sondern auf die pelzartig behaarte Raupe. Diese entwickelt sich an sehr verschiedenen krautigen und strauchigen Pflanzen, u. a. an Himbeeren, Weiden, Heidekraut oder Löwenzahn. Die glatten, weißen Eier werden in einschichtigen Gelegen an die Blattunterseite der Futterpflanze geheftet. Die jungen Raupen überwintern. §

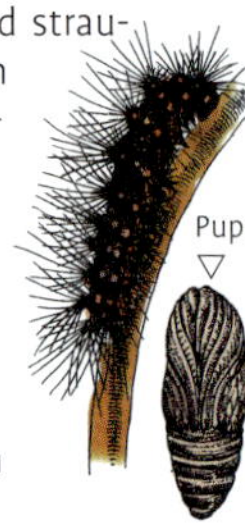

Schwarzer Bär

Arctia villica · Familie Bärenspinner

Schlanker als der Braune Bär, Vorderflügel schwarz mit weißen Flecken, Hinterflügel gelb mit schwarzem Muster. Mai–Jul

Spannweite 45–60 mm. **Raupe** dunkelgrau und gelblich behaart, bis 5 cm lang.

Vorkommen An sehr warmen, offenen Stellen, z. B. auf verbuschten Trockenrasen in steilen Südlagen, in M.-EU fast nur in ausgesprochenen Wärmegebieten, z. B. im Nahetal, im östlichen Brandenburg und im Südtiroler Etschtal; im Mittelmeergebiet ziemlich häufig.

Wissenswert! Der Falter ist wie der Braune Bär rein nachtaktiv. Seine Raupe entwickelt sich an verschiedenen Kräutern. §

Engadiner Bär

Arctia flavia · Familie Bärenspinner

Vorderflügel schwarz mit weißen Streifen, Hinterflügel gelb mit schwarzen Flecken. Jul–Sep

Flügelform deutlich schmäler als beim Braunen Bär. Spannweite 50–70 mm.

Vorkommen Nur in den Hochlagen der Alpen, von der Waldgrenze bis in etwa 3500 m Höhe; ziemlich selten, nur in einigen Bereichen der Zentralalpen häufiger.

Wissenswert! Der Falter hat eine rein nächtliche Lebensweise und ist daher schwer zu finden. Gelegentlich fliegt er künstliche Lichtquellen an, erscheint dort aber immer erst nach Mitternacht. Seine schwarz und silbergrau behaarte Raupe hält sich tagsüber unter flachen Steinen verborgen und erscheint erst bei völliger Dunkelheit, um an verschiedenen Kräutern und Zwergsträuchern zu fressen. Nach zweimaliger Überwinterung verpuppt sie sich schließlich unter einem Stein in einem lockeren Gespinst. §

Brauner Bär in Schreckhaltung

Schwarzer Bär in Schreckhaltung

Engadiner Bär in Schreckhaltung

Augsburger Bär

Arctia matronula · Familie Bärenspinner

Vorderflügel dunkelbraun mit gelblich weißen Flecken, die weitgehend am Vorderrand konzentriert sind; Hinterflügel gelb mit schwarzen Flecken. ✿ Jun–Jul

Mit 65–80 mm Flügelspannweite der größte heimische Bärenspinner. **Raupe** schwarzbraun, mit langer, fuchsroter Behaarung.

Vorkommen Vorwiegend in warmen und feuchten, unterholzreichen Laubwäldern, doch auch an steilen, mit lockerem Gebüsch bewachsenen Hängen; überall sehr selten und aus den meisten früheren Vorkommensgebieten (vor allem im nördlichen und östlichen D) verschwunden; heute wohl nur noch im süddeutschen Bergland, z. B. auf der Schwäbischen Alb, und in den Alpen.

Wissenswert! Diese auffallende Art gibt den Insektenkundlern noch heute manches Rätsel auf. In fast allen Vorkommensgebieten tritt sie nur in Einzelexemplaren auf und ist dann oft wieder für viele Jahre gar nicht mehr zu finden. Selbst an den wenigen Fundorten, an denen sie regelmäßig nachzuweisen ist, trifft man sie nur alle 2 Jahre etwas häufiger. Dies lässt auf eine zweijährige Entwicklung schließen. Der Falter ist vorwiegend nachtaktiv und fliegt oft ans Licht (vor allem das Männchen). Er ist aber auch tagsüber leicht aufzuscheuchen. Die Raupe lebt offenbar sehr versteckt, denn sie wurde bisher kaum im Freiland gefunden. Sie frisst an sehr verschiedenen Pflanzen, soll aber nach der ersten Überwinterung Sträucher wie Himbeere, Hasel oder Heckenkirsche, nach der zweiten dann krautige Pflanzen wie Löwenzahn bevorzugen. §

Englischer Bär

Arctia festiva · Familie Bärenspinner

Vorderflügel weiß mit schwarzen, z. T. unterbrochenen Querbinden; Hinterflügel hellrot mit schwarzbrauner Fleckung. ✿ Apr–Mai

Spannweite 45–60 mm.

Vorkommen In warmem, steppenartigem Gelände, z. B. auf Geröllhalden, Sandrasen und Brachäckern; in D seit 100 Jahren fast überall verschwunden; letzte Funde im östl. D noch nach 1970; in den Steppengebieten Ungarns auch heute noch stellenweise recht häufig.

Wissenswert! Die schwarzbraune, lang grau und fuchsrot behaarte Raupe lebt an verschiedenen niedrigen Kräutern wie Zypressen-Wolfsmilch und Wegerich. In ihren Vorkommensgebieten zieht sie sich mit Eintritt der sommerlichen Dürrephase in ein Gespinst zurück und stellt vorübergehend die Nahrungsaufnahme ein. Danach frisst sie weiter bis zum Herbst, überwintert und verpuppt sich im April. §

Wegerichbär

Arctia plantaginis · Familie Bärenspinner

Vorderflügel schwarzbraun mit weißer oder gelblicher Bindenzeichnung, die in der Flügelspitze ein Kreuz bildet. ✿ Mai–Jul

Hinterflügel beim ♂ gelb oder weiß, beim ♀ meist rot, seltener gelb mit dunkelbrauner Zeichnung (großes Bild). Spannweite 32–38 mm. **Raupe** In der Mitte fuchsrot, vorn und hinten schwarzgrau behaart.

Vorkommen In Wäldern an offenen Stellen, auf Feuchtwiesen und an Straßenrändern, besonders aber in den Alpen auf Grasheiden oberhalb der Waldgrenze; nicht häufig.

Wissenswert! Die Männchen fliegen tagsüber umher; die Weibchen sitzen meist am Boden. Die Raupe ernährt sich z. B. von Löwenzahn oder Wegerich. §

Augsburger Bär in Schreckhaltung

Englischer Bär in Schreckhaltung

Wegerichbär in Schreckhaltung

Purpurbär

Diacrisia purpurata · Familie Bärenspinner

Vorderflügel gelb mit kleinen, bräunlichen oder violetten Flecken, Hinterflügel rosa mit schwarzen Flecken.
Jun–Jul

Spannweite 38–48 mm. **Raupe** dunkelgrau, am Rücken dichte, braune, an den Seiten silbrig weiße Haarbüschel.

Vorkommen Z. B. auf Trockenrasen, in Kiesgruben, an Wegrändern und in sandigen Heidegebieten, aber auch auf Feuchtwiesen und in Mooren; ziemlich selten und stark zurückgehend.

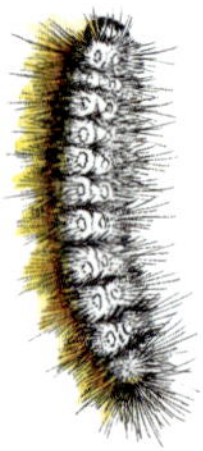

Wissenswert! Die Raupe frisst an vielen verschiedenen krautigen und holzigen Pflanzen, mit Vorliebe aber an Labkraut-Arten. Sie überwintert klein am Boden oder im Innern hohler Pflanzenstängel, etwa von Disteln. §

Zimtbär

Phragmatobia fuliginosa · Familie Bärenspinner

Vorderflügel zimtbraun mit 1–2 kleinen, dunklen Punkten; Hinterflügel rosa bis rot mit schwarzen Flecken.
Mai–Aug

Hinterleib ebenfalls rot-schwarz gefärbt. Spannweite 30–35 mm.

Vorkommen In sehr unterschiedlichen Lebensräumen; in trockenem und feuchtem, offenem Gelände, auch in Wäldern, auf Äckern und in Gärten; überall häufig.

Wissenswert! Die Art bildet jährlich 2 Generationen aus. Die recht flinke Raupe ist grau gefärbt mit gelber Rückenlinie. In den jüngeren Stadien trägt sie eine relativ lockere, graubraune Behaarung, im letzten Stadium ist sie dann lang und dicht fuchsrot bis dunkelbraun behaart. Sie fällt besonders im Okt/Nov auf, wenn sie sich im letzten Stadium auf die Suche nach einem geeigneten Winterquartier macht und dabei z. B. Wege überquert. Sie verpuppt sich gleich nach der Überwinterung.

Rotrandbär

Diacrisia sannio · Familie Bärenspinner

♂ (Bild) größer als das ♀, Vorderflügel hellgelb mit rosarotem Fleck und ebenso gefärbtem Hinterrandstreifen.
Mai–Aug

Hinterflügel weißlich mit dunkler Fleckung. Beim ♀ Vorderflügel gelblich braun mit roter Zeichnung, Hinterflügel gelblich mit schwarzem Muster. Spannweite 33–45 mm.

Vorkommen Meist in feuchtem bis mäßig trockenem, offenem Gelände, z. B. auf Streuwiesen an den Rändern von Mooren und in lichten Wäldern; ziemlich häufig.

Wissenswert! Die Weibchen sind selten zu beobachten. Weitaus häufiger begegnet man den Männchen, die sich zwar tagsüber meist im Gras verbergen, sich aber sehr leicht aufscheuchen lassen. Die flinke Raupe ist schwarzgrau mit einem gelblichen Rückstreifen und trägt rotbraune Borsten. Sie ernährt sich von diversen krautigen Pflanzen und überwintert als Jungraupe. §

Gestreifter Grasbär

Spiris striata · Familie Bärenspinner

Vorderflügel gelblich mit feinen, schwarzbraunen Längsstreifen; Hinterflügel gelb mit schwarzem Randsaum.
Jun–Jul

Spannweite 30–35 mm. **Raupe** schwärzlich, seitlich hellgrau gefleckt, mit roter Rückenlinie.

Vorkommen Auf Trockenrasen, an steilen Kalkschotterhängen, in spärlich bewachsenen Sandheiden; ziemlich selten.

Wissenswert! Die tagaktiven Falter sind recht scheu und fliehen bei der geringsten Störung. Im Sitzen rollen sie ihre schmalen Flügel zigarrenartig um den Körper. Die Raupe frisst vorwiegend an schmalblättrigen Gräsern, z. B. an Schaf-Schwingel. Sie überwintert halbwüchsig. §

Purpurbär in Schreckhaltung

Zimtbär in Schreckhaltung

Rotrandbär

Gestreifter Grasbär

Russischer Bär

Euplagia quadripunctaria · Familie Bärenspinner

Vorderflügel schwarz mit blaugrünem Schimmer und gelblich weißen Querbinden, die nahe der Flügelspitze ein „V" bilden; Hinterflügel rot mit 3–4 schwarzen Flecken. Jul–Sep

Spannweite 42–52 mm. **Raupe** dunkelgrau, mit gelben, Borsten tragenden Warzen und weißen Seitenflecken.

Vorkommen An offenen Stellen in Laubwäldern, an Waldrändern, aber auch auf Trockenrasen und in aufgelassenen Weinbergen; v. a. in Wärmegebieten im südl. D, insgesamt nicht häufig, doch in manchen Jahren stellenweise recht zahlreich.

Wissenswert! Die Falter sind bei sonnigem, warmem Wetter sehr flugaktiv und saugen besonders gern an blühendem Wasserdost, manchmal zeigen sie sich sogar – weitab von ihren eigentlichen Fluggebieten – in Gärten an Schmetterlingsflieder. In manchen Jahren neigt die Art zu ausgesprochenen Massenvermehrungen.

Ein sehr merkwürdiges Phänomen ist auf der Insel Rhodos zu beobachten. Dort versammeln sich alljährlich Tausende von Faltern dieser Art im sogenannten Schmetterlingstal, um dort dicht aneinandergedrängt an Felsen eine Sommerruhepause zu verbringen.

Die Raupen entwickeln sich an den verschiedensten strauchigen und krautigen Pflanzen, mit besonderer Vorliebe aber an Himbeeren und Fuchs-Greiskraut *(Senecio fuchsii)*. Da sie einzeln leben und sich tagsüber meist verstecken, sind sie nicht leicht zu finden. Sie überwintern ziemlich klein am Boden. §

Schönbär

Callimorpha dominula · Familie Bärenspinner

Vorderflügel schwarz mit starkem, blaugrünem Metallglanz und weißen, an der Flügelbasis gelben Flecken. Jun–Aug

Spannweite 45–55 mm.

Vorkommen An feuchten Stellen in Wäldern, auch auf sumpfigen Wiesen und in Mooren; vorwiegend in bergigen Gegenden des südlichen D, hier gebietsweise ziemlich häufig, im nördlichen D selten.

Wissenswert! Die Raupen des S. sind gelb gefärbt mit schwarzen Längsbinden und weißen, borstentragenden Warzen und erinnern sehr an die Raupen des Maivogels (⇨ S. 166). Sie entwickeln sich an verschiedenen krautigen Pflanzen und Holzgewächsen. Die Jungraupen bleiben zunächst in einer dichten Gruppe beieinander und überwintern, noch recht klein, zwischen trockenen Blättern. Nach der Überwinterung zerstreuen sie sich; im letzten Raupenstadium leben sie einzeln. §

Blutbär

Tyria jacobaeae · Familie Bärenspinner

Vorderflügel schwarzblau mit rotem Streifen und 2 roten Punkten. Mai–Aug

Spannweite 32–42 mm. **Raupen** auffällig schwarz-gelb geringelt.

Vorkommen Überwiegend auf sonnigem, trockenem Ödland, auf Trockenrasen sowie an Weg- und Straßenrändern; jahrweise in bestimmten Gebieten häufig.

Wissenswert! Die bunten Raupen leben meist gesellig an Kreuzkraut-Arten, insbesondere am Jakobs-Kreuzkraut. Mit der Färbung signalisieren sie möglichen Fressfeinden ihre Giftigkeit, die auf Inhaltsstoffe ihrer Futterpflanzen zurückzuführen ist.

Russischer Bär tagsüber beim Blütenbesuch

Schönbär

Blutbär

Rosen-Flechtenbärchen

Miltochrista miniata · Familie Bärenspinner

Vorderflügel gelbbraun mit rosafarbenem Rand und schwarzem Schleifen- und Fleckenmuster, Hinterflügel weißlich. ꕥ Jun–Aug

Spannweite 23–27 mm.
Vorkommen In warmen, etwas feuchten Wäldern und Gebüschen, aber auch an offenen Stellen; nicht häufig, doch an den Fundorten manchmal in größerer Anzahl.
Wissenswert! Der vorwiegend nachtaktive Falter wird oft vom Licht angelockt. Manchmal saugt er tagsüber an Blüten. Die schwarzgrau gefärbte Raupe ist vorn lang und dicht schwarz, hinten etwas kürzer graubraun behaart. Sie lebt am Waldboden sowie an Baumstämmen und Zweigen und ernährt sich hier von Flechten, die auf der Rinde wachsen, und wohl auch von Grünalgen. Man kann sie von August bis Juni finden; sie überwintert halb ausgewachsen in der Laubstreu. Die Verpuppung erfolgt am Boden oder an Baumrinde. §

Rotkragen-Flechtenbärchen

Atolmis rubricollis · Familie Bärenspinner

Vorder- und Hinterflügel einfarbig schwarz; Hinterleibsende und Unterseite des Hinterleibs gelb. ꕥ Mai–Jul

Hinter dem Kopf ein roter oder orangefarbener Halsring. Spannweite 25–35 mm.
Vorkommen Vorzugsweise in trockenen oder wenig feuchten Laub- und Nadelwäldern, seltener auch in Moorwäldern und im offenen Bereich von Mooren sowie in Gärten und Streuobstwiesen; im süd- und mitteldeutschen Bergland verbreitet, im norddeutschen Flachland nur vereinzelt.
Wissenswert! Die tag- und nachtaktiven Falter fliegen manchmal tagsüber um Baumwipfel und bilden dabei bisweilen richtige Schwärme. Auch an künstlichen Lichtquellen können die Tiere in größerer Anzahl erscheinen. Die gelbliche Raupe ist mit einem grauen Fleckenmuster gezeichnet und lebt auf Laub- und Nadelbaumzweigen vom Flechtenbewuchs. Die Überwinterung erfolgt als Puppe. §

Vierpunkt-Flechtenbärchen

Lithosia quadra · Familie Bärenspinner

Beim ♂ Vorderflügel an der Basis dottergelb, in der Mitte gelbgrau, an der Spitze mit blassgelbem Saum. ꕥ Jul–Aug

Beim ♀ (großes Bild) Vorderflügel blassgelb mit 2 blauschwarzen Flecken. Spannweite um 40 mm. **Raupe** gelb mit roten Punkten und dunklen Längsstreifen.
Vorkommen In Laub- und Nadelwäldern, auf verbuschten Trockenrasen und im Siedlungsbereich; gebietsweise nicht selten.

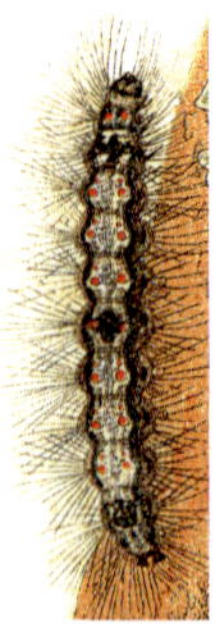

Wissenswert! Die Art neigt zu Massenvermehrungen, z. T. gemeinsam mit der Nonne (⇨ S. 80), ist in den Folgejahren dann aber wieder recht selten. Die Raupe lebt an Laub- und Nadelbäumen und ernährt sich von Flechten. §

Felshalden-Flechtenbär

Setina roscida · Familie Bärenspinner

♂ deutlich größer als das ♀; Vorder- und Hinterflügel ockergelb mit schwarzen Punkten. ꕥ Mai–Aug

Spannweite 23–32 mm.
Vorkommen Nur an besonders warmen, felsigen oder steinigen Trockenhängen mit sehr lückiger Vegetation; in D vor allem im Nahe- und Maintal; überall selten und oft in nur sehr kleinen Arealen.
Wissenswert! Der F. fliegt jährlich in 2 Generationen. Seine gelbliche, mit dunklen Längsbinden gezeichnete Raupe ernährt sich von Stein- und Erdflechten aus der sog. Bunten Erdflechten-Gesellschaft. §

Ähnlich Der etwas größere **Trockenrasen-Flechtenbär** *Setina irrorella* hat meist ungefleckte gelbliche Hinterflügel, ist aber ansonsten sehr schwer vom F. zu unterscheiden. Er tritt gelegentlich sogar zusammen mit dem F. auf. §

Rosen-Flechtenbärchen

Rotkragen-Flechtenbärchen

Vierpunkt-Flechtenbärchen

Felshalden-Flechtenbär

Weißfleckwidderchen

Amata phegea · Familie Bärenspinner

Vorder- und Hinterflügel blauschwarz mit weißen Flecken; Rumpf mit 2 gelben Ringen. Jun–Aug

Spannweite 35–40 mm. **Raupe** Ähnlich einer Bärenspinnerraupe, dicht grau behaart, mit rotbraunem Kopf.

Vorkommen An sonnigen Wald- und Wegrändern; in M.-EU selten, hier fast nur in Wärmegebieten, vereinzelt auch im nördlichen und östlichen D; in den Südalpen und im Mittelmeergebiet dagegen ziemlich häufig.

Wissenswert! W. sind nicht näher mit den eigentlichen Widderchen verwandt, sondern mit den Bärenspinnern (⇨ S. 86 ff), was vor allem bei der Raupe deutlich wird. Ihre größte Artenvielfalt erreicht die Familie in den Tropen und Subtropen. Die Falter zeigen einen leichten, schwirrenden Flug und sind tagsüber auf Blüten zu beobachten. Sie setzen sich stets mit weit gespreizten Flügeln ab. Die Raupen fressen an verschiedenen Kräutern, z. B. Löwenzahn, Wegerich oder Labkraut. §

Verwandt **Kammerjungfer** *Dysauxes ancilla*, etwas kleiner (Spannweite nur 25–30 mm), mit hellbraunen, weiß gefleckten Vorder- und ungefleckten Hinterflügeln; in D sehr selten. §

Esparsettenwidderchen

Zygaena carniolica · Familie Widderchen

Vorderflügel mit 6 weißlich umrandeten roten Flecken, Hinterflügel rot mit schmalem, schwarzem Randsaum. Jun–Aug

Hinter dem Kopf ein schmaler, heller Halsring. Spannweite 25–32 mm. **Raupe** gelb oder grünlich, auf jedem Segment ein schwarzes, dreieckiges Fleckenpaar, davor jeweils ein Paar dunkler Streifen.

Vorkommen Auf sonnigen, trockenen Magerrasen und an trockenen Waldrändern, vorwiegend auf Kalkböden; im südlichen D weit verbreitet, in manchen Gebieten (z. B. auf der Schwäbischen Alb) noch ziemlich häufig, in anderen, etwa am Oberrhein, schon recht selten geworden; im nördl. D nur wenige Fundorte.

Wissenswert! Gegen Abend versammeln sich die Falter oft in kleinen Gesellschaften an den Spitzen höher aufragender Pflanzen, etwa auf Esparsetten (Bild), um dort in einer gedrängten Gruppe die Nacht zu verbringen. Dieses Verhalten ist bei anderen Widderchenarten nur selten zu beobachten.

Ihre gelb gefärbten Eier legen die Weibchen in dichten Reihen an den Blattunterseiten der Raupenfutterpflanzen ab, meist an Esparsetten, seltener auch an anderen Schmetterlingsblütlern. Die Raupe schlüpft im Spätsommer, häutet sich dreimal und geht dann mit etwa 4–5 mm Körperlänge in die Winterruhe. Im Frühjahr frisst sie weiter, häutet sich noch einige Male, um sich schließlich ab Ende Mai in einem ziemlich festen, eiförmigen, gelblichen Kokon an einem Pflanzenstängel zu verpuppen (kleines Bild). Die meisten übrigen Widderchenraupen stellen hingegen spindelförmige Kokons her (⇨ S. 98 Sechsfleckwidderchen). §

Weißfleckwidderchen ruht oft mit geöffneten Flügeln

Esparsettenwidderchen Schlafgesellschaft an Esparsette (links) und Raupe (rechts)

Bergkronwicken-Widderchen

Zygaena fausta · Familie Widderchen

Vorderflügel mit einem mehr oder weniger zusammenhängenden Muster aus roten, gelb umrandeten Flecken. ☋ Jul–Aug

Hinterleib mit rotem Ring. Spannweite um 25 mm. **Raupe** hellgrün, mit kleinem, rötlichem Nackenschild.

Vorkommen An warmen, sonnigen Waldrändern; in D nur im süddeutschen Bergland, daneben u. a. im Schweizer Jura, im Tiroler Inntal und in den Südalpen; fast überall selten, doch an manchen Fundorten häufig.

Wissenswert! Dieses schönste aller heimischen Widderchen ist bei sonnigem, warmem Wetter sehr flugaktiv. Seine Raupe entwickelt sich bei uns hauptsächlich an der Berg-Kronwicke (*Coronilla coronata*). §

Thymianwidderchen

Zygaena purpuralis · Familie Widderchen

Vorderflügel mit 3 breiten, roten Streifen, der mittlere nach außen hin deutlich erweitert. ☋ Jun–Aug

Spannweite 28–35 mm.

Vorkommen An offenen, trockenen Stellen, vor allem auf Trockenrasen; im südlichen und mittleren D vielerorts (z. B. auf der Schwäbischen Alb) immer noch eines der häufigsten Widderchen, in anderen Gegenden stark zurückgegangen.

Wissenswert! Die gelbe bis bräunliche Raupe hat auf jedem Segment 1 Paar schwarzer Flecke. Sie entwickelt sich am Feld-Thymian. §

Ähnlich Das **Bibernellwidderchen** *Zygaena minos* ist vom T. nur durch eine Genitaluntersuchung zu unterscheiden. Seine Raupe hebt sich aber deutlich durch ihre weißliche Färbung ab und durch ihre Futterpflanze, die Kleine Bibernelle. §

Sechsfleckwidderchen

Zygaena filipendulae · Familie Widderchen

Vorderflügel mit 6 roten Flecken, Fühler an der Spitze schwarz. ☋ Jun–Aug

Spannweite 30–38 mm.

Vorkommen Z. B. auf Trockenrasen, auf blütenreichen Mähwiesen und in Feuchtgebieten; recht häufig.

Wissenswert! Die Falter bewegen sich ziemlich träge und sind zudem höchst auffällig gefärbt, werden aber dennoch kaum von Fressfeinden wie etwa Vögeln angegriffen. Grund hierfür ist ihr schwarz-rotes

Farbmuster, das für die meisten Insektenfresser Ungenießbarkeit symbolisiert. Die Körperflüssigkeit der Falter enthält, wie bei allen Widderchen, Blausäureverbindungen.

Die grünlich gelbe Raupe trägt je 1 Paar schwarzer Striche und Flecke auf jedem Segment, im Unterschied zur Raupe des Esparsettenwidderchens (⇨ S. 96) sind die Flecke aber mehr viereckig. Auch die Raupe ist giftig. Bei stärkerer Beunruhigung, etwa wenn sie mit einem spitzen Gegenstand gereizt wird, lässt sie an jedem Körperring 2 Tropfen ihrer hochgiftigen Körperflüssigkeit austreten. Futterpflanzen sind bei uns ausschließlich die beiden Hornklee-Arten *Lotus corniculatus* und *L. uliginosus*. Die Verpuppung findet in einem spindelförmigen Kokon statt, der oft auffallend zweifarbig ist (unten weißlich, oben gelbbraun). §

Ähnlich Neben dem Veränderlichen und dem Hufeisenklee-Widderchen (beide ⇨ S. 100) trägt auch das **Ungeringte Kronwickenwidderchen** *Zygaena angelicae* 6 (seltener 5) rote Flügelflecke. Es hat auffallend schmale Flügel und kommt in M.-EU sehr selten vor. §

Bergkronwicken-Widderchen

Thymianwidderchen

Sechsfleckwidderchen

Veränderliches Widderchen

Zygaena ephialtes · Familie Widderchen

Vorderflügel mit 6 roten Flecken, Fühlerspitzen weiß, Hinterleib mit roter Binde. ꕤ Jun–Aug

Gelegentlich mit weißer Zeichnung, die Flecke an der Flügelbasis und der Hinterleibsring dann aber rot. Spannweite 30–40 mm. **Raupe** gelb mit schwarzen Flecken und schwarzem Rückenstreif.

Vorkommen Vor allem an Straßenböschungen oder auf Trockenrasen; recht selten.

Wissenswert! Die weiß gefleckten Tiere dieser Art treten vornehmlich in den Südalpen und in S-EU auf. Sie erinnern stark an das Weißfleckwidderchen (⇨ S. 96), zumal bei ihnen die Hinterflügel gepunktet und nicht dunkel gesäumt sind. Die Raupen leben an der Bunten Kronwicke. §

Hufeisenklee-Widderchen

Zygaena transalpina · Familie Widderchen

Sehr ähnlich dem Sechsfleckwidderchen (⇨ S. 98), doch Vorderflügel etwas schmäler und Fühler mit weißen Spitzen. ꕤ Jun–Aug

Spannweite rund 30 mm.

Vorkommen Auf Trockenrasen und an ähnlichen trockenwarmen Standorten; fast nur im südlichen D, aber beinahe überall ziemlich selten.

Wissenswert! Wie auch viele andere Widderchen-Arten zeigen die Falter dieser Art eine Vorliebe für rote und violette Blüten und sind daher oft auf Skabiosen anzutreffen. Sie sitzen, ebenso wie das Veränderliche W. und anders als die meisten anderen Arten, oft mit schräg abgespreizten Flügeln. Die gelb bis grünlich gefärbte Raupe trägt meist eine dunkle Rückenlinie und hat ansonsten eine ähnliche Zeichnung wie die des Esparsettenwidderchens (⇨ S. 96). Sie entwickelt sich an Hufeisenklee, Hornklee oder Bunter Kronwicke. §

Beilfleckwidderchen

Zygaena loti · Familie Widderchen

Vorderflügel mit 5 roten Flecken, da die beiden Spitzenflecke zu einem beilförmigen Zeichen verschmolzen sind. ꕤ Mai–Aug

Beine weiß beschuppt, ♀ (Bild) mit 2 schmalen, weißen Halsringen. Spannweite 27–30 mm.

Vorkommen Vorwiegend auf Kalktrockenrasen; gebietsweise nicht selten.

Wissenswert! Die Art erscheint an ihren Fundorten etwa 2–3 Wochen vor den übrigen Widderchen und ist oft schon daran gut zu erkennen. Sie ist wie fast alle *Zygaena*-Arten recht wärmebedürftig. An besonders wärmebegünstigten Standorten, etwa auf Südhängen der Schwäbischen Alb, kann man daher oft viele verschiedene Widderchen-Arten nebeneinander finden, manchmal fast 10 im gleichen Gelände. Die grünliche Raupe hat gelbe und schwarze Punkte und entwickelt sich meist an Hufeisenklee oder Bunter Kronwicke. §

Kleines Fünffleckwidderchen

Zygaena viciae · Familie Widderchen

Vorderflügel mit nur 5 roten Flecken, etwas durchscheinend; Fühler auffallend dünn. ꕤ Jun–Aug

Spannweite um 25 mm. **Raupe** hellgrün mit weißer Rückenlinie, pro Segment je ein kleines schwarzes und gelbes Punktepaar.

Vorkommen Besonders auf blumenreichen Wiesen und Trockenrasen, aber auch in Feuchtgebieten; ziemlich häufig, neben dem Sechsfleckwidderchen (⇨ S. 98) häufigste Art der Gattung.

Wissenswert! Die Raupe entwickelt sich an verschiedenen Schmetterlingsblütengewächsen wie Hornklee, Futter-Esparsette oder Wicken. Tagsüber hält sie sich meist am Boden verborgen, gegen Abend klettert sie an der Futterpflanze empor. §

Veränderliches Widderchen

Hufeisenklee-Widderchen

Beilfleckwidderchen

Kleines Fünffleckwidderchen

Hochalpenwidderchen

Zygaena exulans · Familie Widderchen

Vorderflügel mit 1 langen, schmalen und 4 mehr rundlichen Flecken; Beine weiß beschuppt. Jul–Aug

♀ (großes Bild) mit einem in der Mitte unterbrochenen weißen Halsring und deutlich helleren Flügeln als das ♂. Spannweite um 30 mm. **Raupe** schwärzlich, gelbe Punktepaare auf jedem Segment.

Vorkommen Nur in den Alpen und hier fast nur oberhalb der Waldgrenze bis in über 3000 m Höhe; in D verschollen, in den Zentralalpen stellenweise sehr häufig.

Wissenswert! Während alle übrigen heimischen Widderchen eine einjährige Entwicklungszeit haben, benötigt das H. hierfür 2 Jahre. Daher tritt es auch alle 2 Jahre deutlich häufiger auf. Die Raupe ernährt sich von sehr verschiedenen Pflanzen. §

Trauerwidderchen

Aglaope infausta · Familie Widderchen

Vorderflügel dunkel graubraun mit kurzen, roten Streifen am Rand der Flügelbasis. Jun–Jul

Hinterflügel rot mit schwarzem Saum. Spannweite rund 15 mm. **Raupe** sehr bunt gelb, violett, grau und schwarz gezeichnet.

Vorkommen Auf sehr warmen, mit Gebüsch bewachsenen Trockenrasen; in D nur in Rheinland-Pfalz, außerdem im Elsass und Wallis; überall selten.

Wissenswert! Die relativ unscheinbaren Falter sind recht träge, fliegen wenig und sind daher schwer zu entdecken. Ihre Raupe entwickelt sich an Schlehe, Weißdorn oder Felsenmispel. §

Sonnenröschen-Grünwidderchen

Adscita geryon · Familie Widderchen

Vorderflügel einfarbig leuchtend goldgrün, Hinterflügel schwarzgrau; Fühler beim ♂ (rechts im großen Bild) deutlich kammförmig gefiedert, beim ♀ einfach fadenförmig. Jun–Aug

Spannweite rund 20 mm. **Raupe** rötlich braun mit 2 aus gelblichen oder weißgrauen Flecken zusammengesetzten Binden beiderseits der Rückenmitte.

Vorkommen Auf warmen, mit lockerem Gebüsch bewachsenen Trockenrasen, aber auch auf hochalpinen Grasheiden, beweideten Almen und offenen Stellen in Bergwäldern; in D vor allem im Süddeutschen Bergland, aber auch in den Alpen weit verbreitet und gebietsweise keineswegs selten.

Wissenswert! Die Art zeigt wie viele andere Widderchen eine deutliche Vorliebe für violette Blüten und ist außer auf Skabiosen besonders häufig auf Blüten der Alpen-Aster zu beobachten. Regelmäßig treffen sich dort, wie im Bild zu sehen, die Partner und paaren sich. Die länglichen, wenig strukturierten, gelben Eier werden wie bei allen Widderchen in Eispiegeln an die Blätter der Futterpflanze abgelegt, hier meist an Sonnenröschen. Die Jungraupen minieren zunächst in den Blättern, führen dann einen Schabefraß von einer Blattseite her aus und verzehren schließlich das ganze Blatt. Sie überwintern am Boden zwischen abgestorbenen Pflanzenresten und fertigen im Frühjahr einen lockeren Kokon, in dem die Verpuppung stattfindet. Anders als bei den Kokons der *Zygaena*-Arten ist durch seine Wand hindurch die braune Puppe deutlich zu erkennen. §

Hochalpenwidderchen

Trauerwidderchen

Sonnenröschen-Grünwidderchen Weibchen (links) und Männchen (rechts) beim Blütenbesuch

Rostfarbener Dickkopffalter

Ochlodes sylvanus · Familie Dickkopffalter

Vorderflügel rostbraun mit dunklerem Saum und gelblichen Würfelflecken, beim ♂ (kleines Bild) mit dunklem Duftschuppenstreifen, der dem ♀ (großes Bild) fehlt. Jun–Aug

Flügelunterseite graubraun mit undeutlichen, hellen Flecken. Spannweite 25–32 mm.

Vorkommen An Waldwegen, auf Feuchtwiesen und Trockenrasen; ziemlich häufig.

Wissenswert! Der Falter zeigt im Sitzen eine sehr charakteristische Flügelhaltung: Während er die Hinterflügel waagrecht ausbreitet, legt er die Vorderflügel eng an den Körper und stellt sie mit den Außenkanten in einem Winkel von ungefähr 45 Grad hoch. Diese Sitzhaltung wird auch von einigen weiteren Dickkopffalter-Arten eingenommen.

Der R. D. fliegt jährlich in 1 Generation. Die Raupenentwicklung erfolgt ausschließlich an Gräsern, z. B. an Knäuelgras und Fiederzwenke. Die halbkugeligen, glatten, weißen Eier werden einzeln auf den Blättern abgelegt. Sofort nach dem Schlüpfen beginnt die Jungraupe, den mittleren Teil des Grasblatts mit Hilfe quer gespannter Gespinstfäden zu einer Röhre zusammenzurollen. Von diesem Schlupfwinkel aus befrisst sie die Blattspitze. Die ältere Raupe ist wie bei den übrigen Arten dieser Familie untersetzt. Sie ist kaum behaart, hellgrün gefärbt und hat einen dunkelbraunen, vorn mit 2 gelben Streifen gezeichneten Kopf. Im Herbst baut sie die Blattröhre zu einem festeren Überwinterungsgespinst aus. Nach der Überwinterung frisst sie noch kurz und verpuppt sich dann in einem dichten, außen von Blättern umgebenen Gespinst. Die fast schwarze Puppe steht darin aufrecht.

Kommafalter

Hesperia comma · Familie Dickkopffalter

Recht ähnlich dem Rostfarbenen Dickkopffalter, doch insgesamt etwas kontrastreicher gezeichnet. Jun–Sep

Flügelunterseite mit scharf abgesetzten, weißen Würfelflecken. Spannweite 25–30 mm. **Raupe** schwarzgrau, mit glänzendem, dunklem Kopf.

Vorkommen Besonders auf Trockenrasen, seltener auch auf etwas feuchten Wiesen; nicht häufig, gebietsweise stark zurückgegangen.

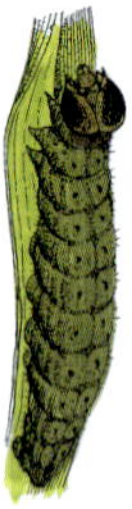

Wissenswert! Auch die Raupe des K. lebt an Gräsern, insbesondere an isoliert stehenden Horsten des Schaf-Schwingels. Die großen, weißen Eier werden einzeln an Grasblätter geheftet, wo sie überwintern. Die Raupe spinnt Grashalme zu einem „Zelt“ zusammen. Im Jahr fliegt nur 1 Generation. §

Gelbwürfeliger Dickkopffalter

Carterocephalus palaemon · F. Dickk.

Grundfärbung der Flügeloberseite dunkelbraun mit kontrastreich abgesetzten, gelbroten Würfelflecken. Apr–Jul

Spannweite 22–28 mm.

Vorkommen Besonders auf feuchten Waldlichtungen, auch an trockenen Waldrändern; ziemlich häufig.

Wissenswert! Der Falter stellt in der Ruhehaltung seine Vorderflügel nicht nach Art der beiden anderen auf dieser Seite vorgestellten Arten schräg auf, sondern breitet sie neben den Hinterflügeln flach aus. Auch der G. D. entwickelt sich an Gräsern. Die grüne, hell längsgestreifte Raupe rollt das Grasblatt zu einer offenen Röhre ein und frisst aus der Blattfläche vom Rand her dreieckige Stücke heraus. Bald darauf sucht sie sich ein neues Blatt. Sie überwintert in einer fester zusammengesponnenen Blattröhre und färbt sich gelbbraun. Die Art fliegt in 1 Jahresgeneration.

Rostfarbener Dickkopffalter Weibchen in typischer Ruhehaltung

Kommafalter

Gelbwürfeliger Dickkopffalter

Kronwicken-Dickkopffalter

Erynnis tages · Familie Dickkopffalter

Vorderflügel oberseits graubraun mit verwaschenen, dunkleren Querbinden; Hinterflügel fast einfarbig dunkelgrau. 🦋 Apr–Aug

Spannweite 23–26 mm. **Raupe** grün, mit braunem Kopf.

Vorkommen An sonnigen Wald- und Wegrändern sowie auf lückigen Trockenrasen; in den meisten Gegenden nicht selten.

Wissenswert! Die Falter fliegen in wärmeren Gebieten in 2 Generationen pro Jahr, sonst nur in einer. Die Eier werden einzeln auf Blättern der Raupenfutterpflanzen, verschiedenen Schmetterlingsblütengewächsen, abgelegt. Die Raupe verspinnt mehrere Blätter zu einem Schlupfwinkel. In einem solchen Gespinst überwintert sie auch.

Malven-Dickkopffalter

Carcharodus alceae · Familie Dickkopffalter

Flügel oberseits mit hellbraun, dunkelbraun und grau gemischtem Fleckenmuster, dazu weiße Streifen im Vorderflügel. 🦋 Apr–Sep

Spannweite 23–30 mm. **Raupe** grau getönt, mit schwarzem Kopf und gelbem Nacken.

Vorkommen An Ruderalstellen in trockenwarmen Gebieten, z. B. in Sandgruben und am Rand von Trockenrasen; in M.-EU ziemlich selten, im Mittelmeergebiet häufig.

Wissenswert! Der wärmeliebende Falter tritt überall in 2–3 Generationen auf. Die stark gerippten, grauen Eier werden auf der Blattoberseite an Eibisch und an Malven-Arten abgelegt, den Futterpflanzen der Raupe. Die Raupe verspinnt dort mehrere Blätter miteinander zu ihrem Schlupfwinkel, in dem sie auch überwintert. §

Kleiner Würfeldickkopf

Pyrgus malvae · Familie Dickkopffalter

Flügel oberseits dunkelbraun mit weißen Würfelflecken, unterseits graubraun mit undeutlichen Zeichnungen. 🦋 Apr–Aug

Spannweite 18–22 mm. **Raupe** grün oder bräunlich, mit schwarzem Kopf.

Vorkommen Auf Wiesen, an Waldrändern und auf Magerrasen; ziemlich häufig.

Wissenswert! Die Art wird fälschlicherweise oft auch als Malvendickkopf bezeichnet. Sie entwickelt sich aber stets an Rosengewächsen, insbesondere an Fingerkräutern und Wald-Erdbeeren. Die Raupe rollt Teile eines Blatts zu einer Art Tüte zusammen, in der sie sich verbirgt. Die Überwinterung erfolgt als Puppe. Meist bringt die Art 1 Generation im Jahr hervor, nur ausnahmsweise sind es 2. §

Roter Würfeldickkopf

Spialia sertorius · Familie Dickkopffalter

Flügeloberseite ähnlich wie beim Kleinen Würfeldickkopf, aber die hellen Flecke weniger zahlreich. 🦋 Mai–Aug

Spannweite 22–24 mm. Bestes Unterscheidungsmerkmal zum Kleinen Würfeldickkopf ist die zimtrote, weiß gefleckte Unterseite der Hinterflügel.

Vorkommen Vor allem auf felsigen Trockenrasen; nicht häufig.

Wissenswert! Die dunkelköpfige, graue Raupe ist behaart und hat 2 gelbe Längsbinden sowie einen rötlichen Nackenfleck. Sie entwickelt sich ausschließlich am Kleinen Wiesenknopf, wo sie an Blütenständen und Blättern frisst. Die Art bringt 1, gelegentlich 2 Generationen im Jahr hervor. §

Ähnlich Mehrere weitere Würfeldickkopf-Arten lassen sich durch die mehr bräunliche oder graugrüne Unterseite der Hinterflügel gut unterscheiden.

Kronwicken-Dickkopffalter

Malven-Dickkopffalter

Kleiner Würfeldickkopf

Roter Würfeldickkopf bei der Paarung

Nierenfleck-Zipfelfalter

Thecla betulae · Familie Bläulinge

Hinterflügel mit gebogenem, zipfelförmigem Fortsatz; Flügeloberseite dunkelbraun, beim ♀ (großes Bild) mit nierenförmigem, orangefarbenem Fleck, der dem ♂ fehlt. Jul–Okt

Flügelunterseite beim ♀ (rechtes kleines Bild) leuchtend orange, beim ♂ ockerfarben. Spannweite 32–37 mm. **Raupe** asselförmig, hellgrün mit gelblichen Streifen.

Vorkommen An Wald- und Wegrändern, an Feldhecken und auch in Gärten; in M.-EU weit verbreitet und überall ziemlich häufig.

Wissenswert! Der Falter wird trotz seiner Häufigkeit nur selten beobachtet, da er erst spät im Jahr fliegt und sich vorwiegend in der Wipfelregion von Sträuchern und Bäumen aufhält. Die Weibchen legen ihre 1 mm großen Eier einzeln an Zweigen verschiedener Rosengewächse, besonders von Schlehen und Zwetschgen, ab, wo sie im Winter als leuchtend weiße Punkte leicht zu finden sind. Wer sie einmal gesehen hat, wird sie später an fast jeder Schlehenhecke wiederfinden und sich so ein Bild von der wahren Häufigkeit dieses Falters machen können. Die Raupe schlüpft kurz vor dem Austreiben der Futterpflanze, bohrt sich zunächst in eine Knospe ein und frisst später frei an den Blättern, an denen sie aber aufgrund ihrer Färbung schwer zu entdecken ist. Im Frühsommer häutet sie sich am Boden zu einer braunen, dunkler gesprenkelten Puppe.

Links: asselförmige Raupe; rechts: Flügelunterseite beim ♀

Blauer Eichenzipfelfalter

Favonius quercus · Familie Bläulinge

Flügeloberseite beim ♂ (großes Bild) leuchtend blau mit schmalem, schwarzem Rand, beim ♀ (kleines Bild) schwarzbraun mit 2 blauen Flecken im Vorderflügel. Jun–Aug

Unterseite hellgrau mit einer w-förmigen, weißen Zackenbinde im äußeren Drittel und einem gelbroten Augenfleck am Ansatz des „Zipfels". Spannweite 28–33 mm.

Vorkommen An besonnten Waldrändern, in lichten Laubwäldern und in der Umgebung einzelner, frei stehender Eichen; in EU einschließlich dem Mittelmeergebiet allgemein verbreitet und vielerorts durchaus häufig.

Wissenswert! Auch dieser schöne Falter ist trotz seiner Häufigkeit nicht oft zu beobachten, da er sich vorzugsweise in der Kronenregion von Eichen aufhält und nur selten, etwa zum Saugen an Wasserpfützen, bis zum Erdboden herabkommt. Er ernährt sich offenbar hauptsächlich vom Honigtau der Blattläuse. Die Eier werden an die unteren Zweige sonnig stehender Eichen abgelegt, und zwar stets an die dicken Kospen, die im nächsten Jahr Blütenrispen ergeben. Die überwinternden Eier sind wie die des Nierenfleck-Zipfelfalters in der kalten Jahreszeit leicht zu finden. Die braune, mit weißen und dunkelbraunen Schrägstreifen gezeichnete Raupe schlüpft mit dem Laubaustrieb, befrisst aber fast ausschließlich die Blütenstände. Erst wenn keine Blüten mehr zu finden sind, geht sie auch an die Blätter. Im Juni verpuppt sie sich am Boden. §

Beim ♀ beschränkt sich das Blau auf 2 Flügelflecke.

Nierenfleck-Zipfelfalter

Blauer Eichenzipfelfalter

Kreuzdorn-Zipfelfalter

Satyrium spini · Familie Bläulinge

Flügel oberseits dunkelbraun, Unterseite der Hinterflügel mit weißer, etwas gezackter Binde. 🦋 Jun–Jul

Blauer Fleck im Hinterwinkel des Hinterflügels, davor orangefarbige Randzeichnungen. Spannweite 27–32 mm.

Vorkommen Auf steinigen oder felsigen Trockenrasen und an sonnigen, warmen Waldrändern; ziemlich selten, doch vereinzelt manchmal recht zahlreich.

Wissenswert! Der Falter ist oft beim Blütenbesuch, beispielsweise an Thymian, Dost oder Großer Fetthenne, zu beobachten. Futterpflanze der Raupe ist der Purgier-Kreuzdorn. Die Eiablage erfolgt in kleinen Gruppen von meist 2–6, gelegentlich auch über 10 Eiern an die Zweige meist sehr kleiner Büsche der Futterpflanze. Die weißen, deutlich abgeflachten Eier sind dort im Winter leicht zu entdecken. Die gelbgrünen Raupen verlassen die Eihüllen im April oder Mai. §

Ulmenzipfelfalter

Satyrium w-album · Familie Bläulinge

Hinterflügel mit einem sehr kurzen und einem längeren Zipfel; Flügel oberseits schwarzbraun. 🦋 Jun–Aug

Hinterflügel unten mit weißem „W" und orangefarbener Randbinde. Spannweite 27–30 mm. **Raupe** asselförmig, grün.

Vorkommen An Waldrändern, in Parkanlagen, auf Trockenrasen; meist nicht selten, doch regional stark zurückgegangen.

Wissenswert! Die Falter saugen gern an weißen Blüten von Doldengewächsen. Als Futterpflanzen der Raupen dienen Ulmen. Die Eier weichen durch ihre scheibenartig abgeflachte Form von anderen Bläulingseiern ab. Sie werden einzeln an den Blütenknospen größerer Ulmen abgelegt. Die Raupen verlassen bereits im März die Eihüllen und fressen zunächst im Innern der Knospen.

Pflaumenzipfelfalter

Satyrium pruni · Familie Bläulinge

Flügel oberseits dunkelbraun, beim ♀ immer, beim ♂ oft mit gelbroten Zeichnungen. 🦋 Mai–Jul

Unterseite der Hinterflügel mit breiter, orangefarbener Randbinde und sehr schmaler, weißer Zackenbinde. Spannweite 25–28 mm.

Vorkommen An Waldrändern, Feldhecken und in Gärten; im Allgemeinen nicht selten.

Wissenswert! Die wenig gezeichnete, hellgrüne Raupe entwickelt sich vorzugsweise an Schlehe und Zwetschge. Die an den Zweigen abgelegten, überwinternden Eier sind bräunlich gefärbt und schwer zu entdecken. Die Raupen fressen zunächst an Blütenknospen, später an Blüten und erst danach auch an den Blättern. Die an einem Zweig festgesponnene Puppe (kleines Bild) erinnert an Vogelkot. §

Brombeerzipfelfalter

Callophrys rubi · Familie Bläulinge

Flügel oberseits schwarzbraun, unterseits leuchtend grün mit feinen, weißen Stricheln, die auch fehlen können. 🦋 Apr–Jul

Spannweite 24–28 mm. **Raupe** grün mit dunklen und gelblichen Schrägstreifen.

Vorkommen An Waldrändern und auf verbuschten Trockenrasen ebenso wie im Randbereich von Mooren oder auf Bergwiesen; ziemlich häufig.

Wissenswert! Der B. ist im Gegensatz zu allen übrigen Zipfelfaltern ein ausgesprochener Frühlingsfalter. Seine Raupe kann sich an verschiedenen Schmetterlingsblütengewächsen, doch z. B. auch an Kreuzdorn, Sonnenröschen, Heidekraut entwickeln. Die Verpuppung erfolgt am Boden, und die Puppe überwintert. §

Kreuzdorn-Zipfelfalter

Ulmenzipfelfalter

Pflaumenzipfelfalter

Brombeerzipfelfalter

Dukatenfalter

Lycaena virgaureae · Familie Bläulinge

Flügel beim ♂ (linkes großes Bild) oberseits leuchtend orange mit schmalem, schwarzem Rand und einer Reihe schwarzer Punkte am Rand des Hinterflügels. Jun–Aug

♀ (Zeichnung unten) oberseits matt orange mit zahlreichen dunklen Flecken und mehr oder weniger ausgedehnter, dunkler Übergießung, besonders auf den Hinterflügeln; Unterseite der Hinterflügel (rechtes großes Bild) bei beiden Geschlechtern bräunlich mit wenigen kleinen, dunklen Flecken und einer markanten, weißen Fleckenreihe. Spannweite 27–32 mm.

Vorkommen Vor allem im Bergland, seltener auch im Flachland auf Waldlichtungen und blütenreichen Waldwiesen, überall jedoch deutlich zurückgegangen, gebietsweise schon ganz verschwunden. Besonders gravierend ist der Rückgang in der Norddeutschen Tiefebene und im Oberrheintal.

Wissenswert! Die Falter saugen gern auf Korbblütengewächsen (der Artname *virgaureae* nach der Goldrute nimmt hierauf Bezug), Dolden- und Lippenblütengewächsen. Raupennährpflanzen sind der Große und Kleine Sauerampfer. Die Eier werden einzeln abgelegt, meist an dürren Stängeln der Futterpflanze. Die einfarbig grüne Raupe ist nachtaktiv und daher nur schwer zu finden. Sie überwintert, anders als bei allen übrigen verwandten Feuerfaltern, fertig entwickelt in der Eihülle. Gelegentlich soll sie auch schon vor dem Winter schlüpfen. §

Großer Feuerfalter

Lycaena dispar · Familie Bläulinge

Sehr ähnlich dem Dukatenfalter, doch ♂ (linkes großes Bild) immer mit einem dunklen Strich in der Mitte des Vorderflügels und einem schwächeren im Hinterflügel. Mai–Aug

♀ (rechtes großes Bild) etwas kräftiger orange als beim Dukatenfalter und nur mit einer dunklen Punktreihe am Außenrand des Vorderflügels. Unterseite der Hinterflügel silbergrau mit schwarzen Punkten und einer gelbroten Randbinde (kleines Bild unten). Spannweite 27–33 mm.

Vorkommen Auf Feuchtwiesen in den Flussauen, besonders entlang der großen Stromtäler; überall hochgradig gefährdet.

Wissenswert! Der G. F. bildet in EU mehrere Unterarten: Die in England beheimatete *L. dispar dispar* übertraf alle übrigen deutlich an Größe, ist aber bereits um 1850 ausgestorben. Die westeuropäische *L. dispar batava*, die z. B. in Holland vorkommt, fliegt nur in 1 Generation, ist leuchtender gefärbt und ebenfalls größer als die bei uns vorkommende Unterart. Die mitteleuropäische und bis nach O-EU verbreitete *L. dispar rutila* fliegt fast überall in 2 Generationen.

Nährpflanzen sind verschiedene Ampfer-Arten. Die Eier werden meist zu 2–5 an der Blattmittelrippe abgelegt. Die einfarbig grünen Raupen befressen zunächst die Blattunterseite, später die ganze Blattfläche und verpuppen sich in eine kopfunter festgesponnene Gürtelpuppe. §

Dukatenfalter

Großer Feuerfalter

Kleiner Feuerfalter

Lycaena phlaeas · Familie Bläulinge

Oberseite der Vorderflügel orange mit schwarzen Punkten, die der Hinterflügel dunkelbraun mit gelbroter Randbinde. 🦋 Apr–Okt

Unterseite der Hinterflügel fast einfarbig graubraun mit dunklen Punkten. Spannweite 22–27 mm. **Raupe** grün mit 3 roten Längsbinden.

Vorkommen Besonders an Wegrändern, in Sandgruben und auf sandigem Ödland; ziemlich häufig.

Wissenswert! Die Raupe entwickelt sich meist am Kleinen Sauerampfer, seltener an anderen Ampfer-Arten. Meist hält sie sich an der Blattunterseite der Futterpflanze auf. Der Falter fliegt in 2–3, manchmal sogar in 4 Generationen pro Jahr, Überwinterungsstadium ist die Raupe. §

Kleiner Ampferfeuerfalter

Lycaena hippothoe · Familie Bläulinge

♂ oberseits leuchtend orange mit je nach Lichteinfall wechselndem violettem Schiller. 🦋 Mai–Aug

♀ oberseits matt orange mit dunklen Flecken; Unterseite der Hinterflügel bei beiden Geschlechtern grau mit gelbroter Randbinde und schwarzen, weiß umrandeten Punkten. Spannweite 28–32 mm. **Raupe** einfarbig grün.

Vorkommen Auf Feuchtwiesen mit Sauerampfer-Beständen; durch die Trockenlegung von Feuchtgebieten vielerorts stark zurückgegangen, am häufigsten noch in Mittelgebirgen und im Alpenvorland.

Wissenswert! Futterpflanze der Raupe ist der Große Sauerampfer. Die Art fliegt nur in 1 Generation pro Jahr, die Jungraupe überwintert. §

Brauner Feuerfalter

Lycaena tityrus · Familie Bläulinge

♂ (linkes großes Bild) oberseits dunkelbraun mit leicht violettem Schimmer und nur ganz schwach entwickelten schwarzen und gelbroten Zeichnungen. 🦋 Mai–Sep

♀ (rechtes großes Bild) orangefarben mit schwarzen Punkten und dunkelbrauner Übergießung; Flügelunterseite (linkes kleines Bild) bei ♂ und ♀ hell graubraun mit gelblicher Tönung, Hinterflügel mit gelbroter Randbinde und dunklen Punkten. Spannweite 23–30 mm.

Vorkommen Auf Feuchtwiesen, doch auch auf trockenen Magerrasen; nicht häufig.

Wissenswert! Die Art bildet pro Jahr 2 Generation, in höheren Lagen nur eine. Die Falter besuchen besonders gern Korbblütler, doch auch Lippenblütler sowie Vertreter anderer Pflanzenfamilien. Die einfarbig grüne Raupe entwickelt sich am Großen und Kleinen Sauerampfer. Das weißliche, halbkugelige Ei (rechtes kleines Bild) gehört zu den schönsten Bläulingseiern. Es trägt zahlreiche, jeweils zur Mitte eingesenkte Grate, die seine Oberfläche in lauter sechseckige Felder einteilen. (Ganz ähnlich sind die Eier des Dukatenfalters, ⇨ S. 112.) §

Ähnlich Das ♂ des B. F. ist leicht mit dem ♀ des **Violetten Feuerfalters** *Lycaena alciphron* zu verwechseln, dem aber die orangefarbenen Punkte am Rand der Vorderflügel fehlen. Das ♂ ist oberseits orange mit violett schimmernder Übergießung. Der seltene Falter fliegt meist an offenen Stellen im Bergland. §

Kleiner Feuerfalter

Kleiner Ampferfeuerfalter

Brauner Feuerfalter

Hauhechel-Bläuling

Polyommatus icarus · Familie Bläulinge

Oberseite beim ♂ leuchtend himmelblau, ohne deutlichen dunklen Rand, beim ♀ dunkelbraun mit roten Randflecken. 🦋 Mai–Okt

Unterseite der Hinterflügel ohne auffallenden weißen Fleck. Spannweite 25–30 mm.

Raupe asselförmig, hellgrün mit gelblichen Zeichnungen, oft mit gelber Seitenlinie.

Vorkommen In offenem, trockenem oder etwas feuchtem Gelände überall häufig.

Wissenswert! Die Raupe entwickelt sich an verschiedenen Schmetterlingsblütlern. Die braune, am Boden liegende Puppe hat keinen Gürtel. Meist fliegen die Falter jährlich in 2, in warmen Gebieten auch in 3 Generationen. Überwinterungsstadium ist die Raupe. §

Silbergrüner Bläuling

Lysandra coridon · Familie Bläulinge

Unterseite der Hinterflügel in der Mitte mit weißem, herzförmigem Fleck. 🦋 Jul–Sep

Flügeloberseite beim ♂ (großes Bild) mit sehr hellem Blauton, am Rand des Hinterflügels dunkle Punkte; ♀ oberseits dunkelbraun, auch unterseits deutlich dunkler als das ♂. Spannweite 30–35 mm.

Raupe grün mit gelben Flecken.

Vorkommen Auf Trockenrasen und trockenem, sonnigem Ödland, nur auf kalkreichem Untergrund; im Bergland und in den Alpen ziemlich häufig.

Wissenswert! Die von Ameisen begleiteten Raupen entwickeln sich am Hufeisenklee. Man findet sie am leichtesten, wenn man unter den Polstern der Futterpflanze nach Ansammlungen von Ameisen sucht. §

Rotkleebläuling

Cyaniris semiargus · Familie Bläulinge

Flügeloberseite beim ♂ leuchtend himmelblau mit schwarzem Randsaum, beim ♀ einfarbig schwarzbraun. 🦋 Mai–Sep

Flügelunterseite grau mit weiß umringten schwarzen Punkten. Spannweite 25–30 mm. **Raupe** grün mit nur schwach entwickelten, helleren Zeichnungen.

Vorkommen Auf blütenreichen Wiesen; in M.-EU weit verbreitet, aber vielerorts selten geworden.

Wissenswert! Die Raupe entwickelt sich an rotblütigen Klee-Arten. Die Eiablage erfolgt ins Innere der Blütenköpfe. Die Raupe frisst zunächst Blüten, später Blätter. Der Falter fliegt jährlich meist in 2 Generationen. Überwinterungsstadium ist die Raupe. §

Weißdolchbläuling

Polyommatus damon · Familie Bläulinge

Unterseite der Hinterflügel braun mit einem dolchförmigen, weißen Streifen. 🦋 Jul–Aug

Hinterflügel oberseits beim ♂ hellblau mit breitem, dunklem Rand, beim ♀ (Bild) dunkelbraun. Spannweite 34–38 mm.

Vorkommen Auf lückigen, warmen Trockenrasen mit reichen Beständen der Esparsette; fast überall selten geworden.

Wissenswert! Die Raupe entwickelt sich an Esparsette-Arten. Der Falter kommt nur dort vor, wo Pflanzen dieser Gattung noch dichte Bestände bilden. Bei zu starkem Verbiss durch Weidetiere verschwinden Esparsetten aber ebenso wie auf unbeweideten oder nicht gemähten Flächen. Das Überleben dieser Schmetterlingsart hängt daher entscheidend von der Aufrechterhaltung der früher üblichen extensiven Bewirtschaftung ihrer Lebensräume ab. Die Raupen fressen an Blüten und Blättern und sind fast immer von Ameisen umgeben. §

Hauhechel-Bläuling

Silbergrüner Bläuling

Rotkleebläuling

Weißdolchbläuling

Zahnflügelbläuling

Polyommatus daphnis · Familie Bläulinge

Hinterrand der Hinterflügel beim ♀ (Bild) stark eingekerbt und dadurch 2 deutliche Zähne bildend. 🦋 Jun–Aug

Beim ♂ Einkerbung nur schwach entwickelt. Flügeloberseite beim ♂ hellblau gefärbt, beim ♀ dunkelbraun mit mehr oder weniger ausgedehnter blauer Bestäubung; Flügelunterseite beim ♀ hellgrau, beim ♂ mehr bräunlich mit schwarzen Punkten. Spannweite 30–35 mm.

Vorkommen An warmen Waldsäumen, auf Magerrasen und in Steinbrüchen; aus M.-EU nur von wenigen klimatisch begünstigten Stellen bekannt (z. B. Maintal, Fränkische Alb und Wallis).

Wissenswert! Die grüne, mit paarigen, gelben Rückenflecken gezeichnete Raupe lebt an der Bunten Kronwicke, in der S-Schweiz hingegen in erster Linie am Esparsetten-Tragant (*Astragalus onobrychis*). Anders als die Raupen der übrigen *Polyommatus*-Arten wird sie nicht von Ameisen begleitet. §

Kronwickenbläuling

Plebejus argyrognomon · Familie Bläulinge

Ähnelt dem Hauhechel-Bläuling (⇨ S. 116), doch etwas größer. 🦋 Mai–Sep

In der orangefarbenen Randbinde der Flügelunterseite mit blauen, silbern glänzenden Flecken; Flügeloberseite beim ♀ (Bild) meist stark blau bestäubt, oft fast ganz blau. Spannweite 30–35 mm.

Vorkommen Vorzugsweise in Weinbaugebieten an blütenreichen Waldrändern und auf Trockenwiesen; Verbreitungsschwerpunkt in SO-EU, in M.-EU ziemlich selten.

Wissenswert! Die Art fliegt alljährlich in 2 Generationen. Hauptfutterpflanze der grünen, nur schwach heller gezeichneten Raupe ist die Bunte Kronwicke, gelegentlich frisst sie auch an der Bärenschote. Zur Verpuppung befestigt sie sich mit einem Gürtelfaden an Pflanzenteilen. Überwinterungsstadium ist das Ei. In der S-Schweiz tritt die Art stets mit braun gefärbten Weibchen ohne blaue Bestäubung auf. §

Geißkleebläuling

Plebejus argus · Familie Bläulinge

Flügeloberseite des ♂ (linkes großes Bild) hellblau mit dunklem Rand, beim ♀ dunkelbraun mit roten Randflecken. 🦋 Mai–Aug

Unterseite der Hinterflügel mit orangefarbenen und blauen Randflecken. Spannweite 20–23 mm. **Raupe** grün oder rötlich braun mit hell abgesetztem, dunklem Rückenstreifen.

Vorkommen Vor allem in kalkarmen Heidegebieten und am Rand von Mooren, daneben auch auf Trockenrasen; im Allgemeinen nicht selten.

Wissenswert! Die Raupe entwickelt sich an Heidekraut, Sonnenröschen und verschiedenen Schmetterlingsblütengewächsen. Sie besitzt (wie die meisten Bläulingsraupen) zahlreiche Duftdrüsen, denen ein für Ameisen attraktiver Geruch entströmt. Am 8. Segment befinden sich 2 vorstülpbare Tentakel, die am Ende einen Hakenkranz tragen (Zeichnung). Ihre Funktion ist nicht ganz klar; sie werden aber vor allem in Anwesenheit der Ameisen vorgestreckt und z. T. hin und her bewegt. Das für die Ameisen eigentlich interessante Organ ist die in einem Spalt oben auf dem 7. Segment mündende Honigdrüse. In ihr wird eine stark zuckerhaltige Lösung produziert, die, sobald die Raupe von Ameisenfühlern betrillert wird, als kleiner Tropfen austritt. Daher werden manche Bläulingsraupen von den Ameisen ähnlich wie Blattläuse regelrecht „gemolken“. Die Raupen des G. halten sich tagsüber meist am Fuß ihrer Futterpflanze verborgen. In der Regel findet man mehrere von ihnen dicht beieinander, stets umgeben von zahlreichen Ameisen. Das sehr kleine, weißliche Ei überwintert. §

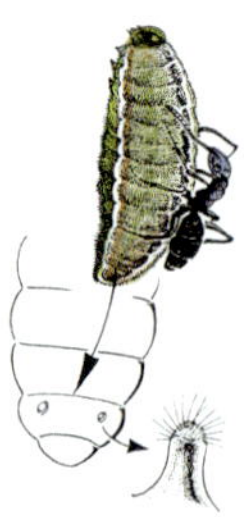

Zahnflügelbläuling

Kronwickenbläuling

Geißkleebläuling

Lungenenzian-Ameisenbläuling

Phengaris alcon · Familie Bläulinge

Flügeloberseite beim ♂ (rechtes großes Bild) hellblau mit schmalem, schwarzem Rand, beim ♀ dunkelbraun mit Blaufärbung an der Flügelbasis. ꕥ Jun–Aug

Flügelunterseite bei beiden Geschlechtern graubraun mit hell umringten schwarzen Punkten. Spannweite 32–36 mm.

Vorkommen Auf Moorwiesen mit Enzian-Vorkommen; in M.-EU selten und an weit auseinanderliegenden Fundorten, am häufigsten noch im Alpenvorland und im nordwestdeutschen Flachland.

Wissenswert! Die Raupen sind bei ihrer komplizierten Entwicklung zunächst auf Lungen-Enzian oder Schwalbenwurz-Enzian angewiesen. Das Weibchen legt die Eier außen an den Enzianblüten ab (kleines Foto). Nach dem Schlüpfen fressen sich die Raupen zum Fruchtknoten der Blüte durch. Hier ernähren sie sich von den heranreifenden Samen. Nach 2–3 Wochen bohren sie sich wieder aus der Blüte heraus und lassen sich zu Boden fallen. Hier müssen sie einer ganz bestimmten Ameisenart, der Knotenameise *Myrmica ruginodis*, begegnen, deren Nestduft sie imitieren. Sie lassen sich von ihr ins Nest tragen und werden dort von den Arbeiterinnen, die sie offenbar für Ameisenlarven halten, gefüttert. In der Anfangszeit fressen sie außerdem die jungen Larven ihrer Wirte. Sie überwintern im Ameisennest, wachsen im Frühjahr weiter heran und verpuppen sich gegen Ende des Frühlings. Die frisch geschlüpften Falter müssen sich beeilen, das Ameisennest zu verlassen, denn jetzt erlischt anscheinend ihre geruchliche Tarnkappe, die sie bislang vor den Angriffen der Ameisen schützte. §

Schwarzfleckiger Ameisenbläuling

Phengaris arion · Familie Bläulinge

Flügel bei beiden Geschlechtern oberseits hellblau mit schwarzen Rändern und großen, schwarzen Punkten. ꕥ Jun–Aug

Spannweite 28–38 mm.

Vorkommen Meist auf steinigen oder felsigen Trockenrasen; durchweg selten.

Wissenswert! Das Weibchen legt seine Eier einzeln ab, zumeist an Blüten von Feld-Thymian. Die Raupe frisst zunächst an der Blüte, lässt sich dann zu Boden fallen, von der Knotenameise *Myrmica sabuleti* adoptieren und ins Nest tragen. Sie ernährt sich dort von den Larven und Puppen. Bei Angriffen durch die Arbeiterinnen besänftigt sie diese durch spezielle Drüsensekrete. Bei zu starkem Besatz der Ameisennester mit den Raupen können die Ameisenvölker stark geschädigt werden und zugrunde gehen – und mit ihnen die Raupen. Der Falter tritt daher nur in geringer Dichte auf. §

Dunkler Ameisenbläuling

Phengaris nausithous · Familie Bläulinge

Flügeloberseite ähnlich wie beim Schwarzfleckigen Ameisenbläuling, doch mit dunklerer Färbung und kleineren Flecken. ꕥ Jun–Aug

Unterseite dunkelbraun mit schwarzen, hell umrandeten Punkten. Spannweite 28–33 mm.

Vorkommen Auf Feuchtwiesen mit Wiesenknopf-Beständen; selten geworden.

Wissenswert! Die Falter sitzen meist auf den Blüten ihrer Futterpflanze, dem Großen Wiesenknopf. Die Eiablage erfolgt in noch knospige Blütenstände, wobei die Eier einzeln zwischen den Knospen versteckt werden. Die Jungraupen bohren sich in die Blüten, fressen sie aus und lassen sich später von der Knotenameise *Myrmica rubra* adoptieren. Sie fressen aber nicht die Ameisenbrut, sondern lassen sich von den Arbeiterinnen füttern. So können sich mehr Raupen in einem Nest entwickeln als beim Schwarzfleckigen Ameisenbläuling. §

Lungenenzian-Ameisenbläuling Weibchen bei der Eiablage an Lungenenzian (links) und Männchen (rechts)

Schwarzfleckiger Ameisenbläuling

Dunkler Ameisenbläuling

Alexisbläuling

Glaucopsyche alexis · Familie Bläulinge

♂ oberseits hellblau mit schwarzen Flügelrändern, ♀ braun mit blauer Übergießung auf den inneren Flügelhälften. 🦋 Apr–Jun

Unterseite der Vorderflügel mit einer gebogenen Reihe schwarzer, hell umringter Punkte. Spannweite 23–30 mm. **Raupe** gelblich mit 3 rötlichen Längsstreifen.

Vorkommen Auf Trockenrasen, an Wegrändern und sonnigen Waldsäumen; ziemlich selten.

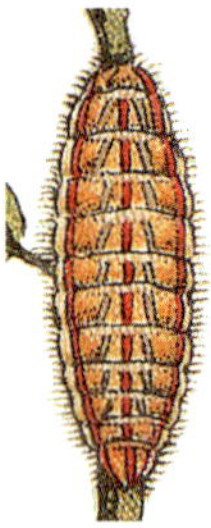

Wissenswert! Der Falter tritt an seinen Fundorten meist in geringer Dichte auf. Als Futterpflanzen der Raupen dienen diverse Schmetterlingsblütengewächse. Die Raupen werden fast immer von Ameisen begleitet. Sie fressen v. a. an den Blüten. Die Puppe überwintert. §

Graublauer Bläuling

Pseudophilotes baton · Familie Bläulinge

Flügel am Rand mit kontrastreich schwarz-weiß gescheckten Fransen, beim ♂ oberseits hellblau. 🦋 Apr–Aug

Flügel beim ♀ (Bild) dunkelbraun mit dunklen, hell eingefassten Punkten vor dem Rand der Hinterflügel und mehr oder weniger ausgedehnter, blauer Übergießung; Unterseite der Hinterflügel bei ♂ und ♀ ähnlich wie beim Fetthennenbläuling, jedoch die Punkte schmal hell umrandet. Spannweite 20–25 mm.

Vorkommen Meist an stark besonnten, felsigen Steilhängen, doch auch auf spärlich bewachsenen Trockenwiesen; im Bergland bis in fast 2000 m Höhe; überall selten.

Wissenswert! Die dunkelgrüne Raupe ist mit 2 weinroten, weißlich gesäumten Längsbinden gezeichnet. Sie entwickelt sich am Feld-Thymian und befrisst die Knospen, Blüten und Früchte dieser Pflanze. In tieferen Lagen fliegt der Falter in 2, im Bergland nur in 1 Generation pro Jahr. §

Fetthennenbläuling

Scolitantides orion · Familie Bläulinge

Flügelunterseite silbrig weiß mit großen, schwarzen Punkten und einer rotgelben Randbinde; Flügelränder mit auffällig schwarz-weiß gescheckten Fransen. 🦋 Apr–Aug

Oberseite der Flügel schwarzbraun, beim ♂ meist ausgedehnt blau bestäubt, bei solchen aus den Südalpen (linkes großes Bild) dagegen oft wie beim ♀ mit wenig Blau. Spannweite 22–28 mm. **Raupe** flach; verwaschen gelbgrün gefärbt, mit einer roten Längsbinde entlang der Rückenmitte.

Vorkommen An sehr warmen, trockenen Stellen, etwa an Weinbergsmauern, Geröllhalden oder an offenen, felsigen Hängen; in D sehr selten, in den Südalpen gebietsweise recht häufig.

Wissenswert! Als Futterpflanzen dienen den Raupen großblättrige Fetthennen-Arten wie die Große und die Purpur-Fetthenne. Die Weibchen legen ihre weißen, flachen Eier meist in kleinen Gruppen an der Blattober- und -unterseite ab, wo sie mit einiger Übung leicht zu entdecken sind. Die Jungraupen bohren sich zunächst in die Triebspitzen der Futterpflanze ein, später fressen sie auf der Blattfläche, indem sie sich von der Ober- oder Unterseite aus in die saftige Blattmitte hineingraben. Beim Fressen verschwinden sie mit der vorderen Körperhälfte ganz im Blatt, nur die obere Zellschicht lassen sie als transparentes Häutchen übrig. Am Ende ihrer Entwicklung verpuppen sich die Raupen am Boden zu braunen, rundlichen Gürtelpuppen. In den südlichen Teilen ihres Verbreitungsgebiets bildet die Art 2 Generationen im Jahr aus, in Deutschland nur eine. Es überwintert die Puppe. §

Alexisbläuling

Graublauer Bläuling

Fetthennenbläuling

Faulbaumbläuling

Celastrina argiolus · Familie Bläulinge

Flügeloberseite hellblau, beim ♂ mit schmalem, beim ♀ (großes Bild) mit breitem, dunklem Rand. Apr–Aug

Flügelunterseite hell silbergrau mit feinen, schwarzen Punkten. Spannweite 23–30 mm. **Raupe** grünlich mit rotbraunem Rückenstreif.

Vorkommen An Waldrändern und auf Waldlichtungen meist nicht selten.

Wissenswert! Die Falter besuchen nicht nur Blüten, sondern saugen oft auch am Honigtau der Blattläuse sowie an feuchten Bodenstellen. Die Raupe kann sich an vielen verschiedenen Pflanzen entwickeln; bisher wurden über 20 Arten gezählt, darunter Faulbaum, Hartriegel, Heidekraut, Efeu und Preiselbeere.

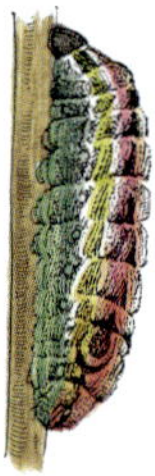

Zwergbläuling

Cupido minimus · Familie Bläulinge

Spannweite nur 18–22 mm; Flügeloberseite dunkelbraun, besonders beim ♂ an der Basis oft blau bestäubt. Apr–Aug

Flügelunterseite bräunlich grau mit schwarzen, hell umringten Punkten.

Vorkommen Auf Trockenwiesen, an Waldrändern und Straßenböschungen; gebietsweise ziemlich häufig, doch vielerorts durch die Vernichtung seiner Futterpflanze selten geworden.

Wissenswert! Die Raupe entwickelt sich bei uns fast nur am Gewöhnlichen Wundklee, einer sehr düngeempfindlichen Pflanze. Die Eier werden vom Weibchen einzeln an den Blüten abgelegt. Die durch ihre blass gelbliche Färbung bestens getarnte Raupe bohrt sich zum Fressen in die Blüte ein, sodass nur noch ihr Hinterteil herausragt. Am Ende ihrer Entwicklung sucht sie ein Überwinterungsversteck auf, in dem sie sich meist erst im Frühjahr verpuppt. §

Storchschnabelbläuling

Eumedonia eumedon · Familie Bläulinge

Flügel bei beiden Geschlechtern oberseits dunkelbraun, beim ♀ oft mit gelbroten Flecken am Rand des Hinterflügels. Mai–Jul

Hinterflügel unterseits mit schwertförmigem, weißem Streifen. Spannweite 26–30 mm. **Raupe** ziemlich einheitlich blassgrün.

Vorkommen Auf Feuchtwiesen und an sonnigen Waldrändern; ziemlich selten.

Wissenswert! Der Falter fliegt nur unmittelbar bei den Futterpflanzen seiner Raupen, in Feuchtgebieten am Sumpf-Storchschnabel, in Trockengebieten am Blut-Storchschnabel. Die Raupe frisst erst an der Blüte und der unreifen Frucht, überwintert am Boden und ernährt sich dann im Frühjahr von den Blättern. §

Dunkelbrauner Bläuling

Aricia agestis · Familie Bläulinge

Flügel oberseits dunkelbraun mit meist deutlichen gelbroten Randflecken auf beiden Flügelpaaren. Apr–Sep

Spannweite 22–27 mm.

Vorkommen Auf trockenen Magerwiesen und an sonnigen Waldrändern, vorzugsweise in wärmeren Gebieten, dort gewöhnlich nicht selten.

Wissenswert! Die grüne Raupe ist mit 3 roten Längsstreifen gezeichnet. Sie entwickelt sich an Sonnenröschen, gelegentlich auch an Storchschnabel-Arten. Zunächst frisst sie an der Blattunterseite, später verzehrt sie die ganzen Blätter. Die Art bringt überall 2 Generationen pro Jahr hervor.

Ähnlich Der **Große Sonnenröschenbläuling** *Aricia artaxerxes* wird etwas größer und ist oberseits meist weniger deutlich gelbrot gezeichnet. Er fliegt nur in 1 Jahresgeneration. §

Faulbaumbläuling

Zwergbläuling

Storchschnabelbläuling

Dunkelbrauner Bläuling

Schlüsselblumen-Würfelfalter

Hamearis lucina · Familie Bläulinge

In der Flügelzeichnung an einen Scheckenfalter (⇨ S. 164 u. 166) erinnernd, aber auf Ober- und Unterseite beider Flügelpaare mit gelbroten Randflecken. 🦋 Apr–Jun

Spannweite 25–28 mm.

Vorkommen An Waldrändern, auf Trockenrasen und Feuchtwiesen; früher weit verbreitet und vielerorts häufig, in neuerer Zeit allgemein stark zurückgegangen.

Wissenswert! Die Art gehört als einziger heimischer Vertreter zu einer sonst nur in den Tropen und Subtropen vorkommenden und dort weit verbreiteten Schmetterlingsfamilie, die in der neueren Literatur vielfach als Unterfamilie zu den Bläulingen gestellt wird. Mit den ähnlich aussehenden Scheckenfaltern ist sie hingegen nicht näher verwandt, weshalb der sonst vielfach verwendete Name „Frühlingsscheckenfalter" sehr unglücklich gewählt ist.

Der Schmetterling gehört zu den typischen Frühlingsfaltern sonniger Waldränder. Er fliegt dort, wo die Futterpflanzen seiner Raupen, die Duftende und die Hohe Schlüsselblume, noch dichte Bestände bilden. Das Weibchen legt seine glatten, rundlichen Eier in kleinen Gruppen an die Blattunterseiten, wo sie bei gezielter Suche gut zu entdecken sind. Man findet die Eier allerdings kaum in geschlossenen Beständen der Pflanzen, sondern viel eher an isoliert stehenden Einzelpflanzen in deren Nähe.

Die Raupe ist plump, fein behaart und blass graubraun gefärbt und ähnelt damit einer Bläulingsraupe. Sie führt eine nachtaktive Lebensweise und hält sich tagsüber unter der Futterpflanze verborgen. Im Hochsommer verpuppt sie sich am Boden in eine weiße, mit schwarzen Punkten gezeichnete Gürtelpuppe. Diese überwintert. §

Zürgelbaumfalter

Libythea celtis · Familie Schnauzenfalter

Flügel mit gezackten Rändern, Oberseite dunkelbraun mit gelbroten Flecken auf beiden Flügelpaaren und einem weißen Punkt am Vorderrand der Vorderflügel. 🦋 Ganzjährig.

Lippentaster den Kopf nach vorn weit überragend. Spannweite um 40 mm. **Raupe** hellgrün mit einer gelblichen Seitenlinie.

Vorkommen Vorwiegend in offenem, mit einzelnen Sträuchern und Bäumen bewachsenem Gelände; im Mittelmeergebiet weit verbreitet, vereinzelt bis in die südlichen Alpentäler (Tessin, Südtirol).

Wissenswert! Die Raupe entwickelt sich ausschließlich am Südlichen Zürgelbaum. Nur wo dieser Baum größere Bestände bildet, wie etwa im Etschtal oder in der Umgebung des Comer Sees, kann man dem interessanten Falter hin und wieder begegnen. Er fliegt bereits im zeitigen Frühjahr. Die grünen Eier werden einzeln an den Triebspitzen abgesetzt und sind wie die Raupe aufgrund ihrer Färbung kaum zu entdecken. Die Raupen verraten sich allerdings manchmal dadurch, dass sie sich bei Gefahr an einem langen Faden abseilen. Die Verpuppung erfolgt an der Unterseite eines Blatts. Auch die Puppe ist hellgrün gefärbt. Im Juni erscheinen die ersten Falter der Sommergeneration, die sich nur selten zeigen und bald Eier ablegen. Sie sterben bereits im Juli und werden wenig später von der nachfolgenden Faltergeneration abgelöst. Diese Tiere überwintern und schreiten erst im darauf folgenden Jahr zur Fortpflanzung.

Schlüsselblumen-Würfelfalter

Zürgelbaumfalter

Mauerfuchs

Lasiommata megera · Familie Augenfalter

Flügeloberseite orangebraun mit dunkelbrauner, gitternetzartiger Bindenzeichnung; Spitze des Vorderflügels mit großem Augenfleck. ☋ Apr–Okt

♂ (kleines Foto) außerdem mit einem schräg über den Vorderflügel ziehenden Duftschuppenfleck, der dem ♀ (großes Foto) fehlt. Spannweite 35–45 mm. **Raupe** hellgrün mit feinen, gelblichen Längsstreifen.

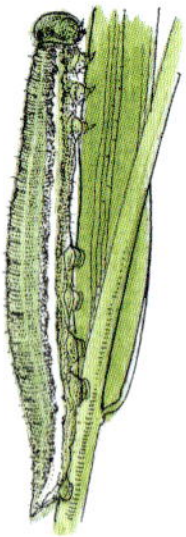

Vorkommen In trocken-warmem Gelände mit sandigem, steinigem oder felsigem Untergrund, z. B. an sandigen Wegböschungen, in Kiesgruben, oder auf Trockenrasen; früher fast überall häufig, heute vielerorts selten geworden. **Wissenswert!** Die Männchen sonnen sich gern auf Felsen, Steinen oder nackten Bodenstellen mit zusammengeschlagenen Flügeln, deren Unterseite sie nach der Sonne ausrichten, nicht selten sitzen sie aber auch mit geöffneten Flügeln. Die Raupe lebt wie bei allen Augenfaltern an Gräsern (u. a. an Schaf-Schwingel, Aufrechter Trespe und Fieder-Zwenke). Die grüne Stürzpuppe ist in Bodennähe an dürren Pflanzenstängeln oder Steinen angeheftet. Der M. bringt meist 2, in günstigen Jahren auch 3 Generationen pro Jahr hervor. Die Überwinterung erfolgt als Raupe. §

Braunauge

Lasiommata maera · Familie Augenfalter

Ähnlich dem Mauerfuchs, doch in der Spitze des Vorderflügels mit großem, doppelt gekerntem Augenfleck. ☋ Mai–Sep

Färbung sehr variabel; neben überwiegend dunkelbraunen Faltern gibt es sehr hell gefärbte. Spannweite 37–50 mm.

Vorkommen Meist an Waldwegen und Waldrändern (hier besonders an felsigen Stellen), aber auch auf Trockenrasen und in Weinbergen; in den Alpen und im süddeutschen Bergland ziemlich verbreitet, im Tiefland vielerorts stark zurückgegangen.

Wissenswert! Der Falter fliegt meist in 2 Generationen, im höheren Bergland nur in einer. Die grüne, ziemlich undeutlich hell gestreifte Raupe entwickelt sich u. a. an Borstgras, Rotem Straußgras und Geschlängelter Schmiele. Die heller oder dunkler grün gefärbte Puppe trägt einen auffallend hohen, hellen Rückenkamm und ist oft an Felsen zu finden. §

Braunscheckauge

Lasiommata petropolitana · Fam. Augenfalter

Sehr ähnlich dem Braunauge, doch deutlich kleiner; Augenfleck in der Vorderflügelspitze oft nur einfach gekernt. ☋ Apr–Sep

Hinterflügel oberseits mit einer feinen, dunklen Querbinde. Spannweite um 40 mm.

Vorkommen An steinigen oder felsigen Stellen in lichten Bergwäldern; in M.-EU nur in den Alpen und einigen vorgelagerten Gebirgen, bis etwa zur Baumgrenze aufsteigend; überall ziemlich selten.

Wissenswert! Der Falter ruht oft an offenen Bodenstellen und auf liegenden Baumstämmen. Er fliegt gewöhnlich nur in 1 Generation im Jahr. Die Eier werden meist einzeln an trockene Pflanzenteile geklebt. Die Raupe überwintert im letzten Entwicklungsstadium. Bisweilen verpuppen sich einzelne Raupen bereits im Spätsommer und können dann im September Falter einer 2. Jahresgeneration ergeben. §

Mauerfuchs

Braunauge

Braunscheckauge

Waldbrettspiel

Pararge aegeria · Familie Augenfalter

In Europa 2 verschieden gefärbte Unterarten; in M.-EU *P. aegeria tircis* (großes Foto) mit dunkelbraunen, blassgelb gefleckten Flügeln. ♂♀ Apr–Okt

Unterart in S-EU: *P. aegeria aegeria* mit leuchtend gelbrot gezeichneten Flügeln (kleines Foto). Spannweite 32–42 mm. **Raupe** hellgrün mit dunklerem, hell eingefasstem Streifen in der Rückenmitte.

Vorkommen Vor allem in lichten Laubwäldern und an Waldrändern; in den meisten Gebieten ziemlich häufig.

Wissenswert! In lichtdurchfluteten Wäldern sind die Männchen oft bei ihrem typischen Revierverhalten zu beobachten. Sie besetzen Ansitze auf besonnten Blättern und überwachen von dort aus die Umgebung. Sobald sich ein fremdes Männchen nähert, kommt es zu einem kurzen „Luftkampf", aus dem der ursprüngliche Revierinhaber fast immer als Sieger hervorgeht. Nur selten kann man die Falter beim Blütenbesuch antreffen. Sie saugen gelegentlich auch an ausfließendem Baumsaft, an Wasserpfützen oder reifen Früchten. Die Art fliegt überall in 2 Jahresgenerationen. Überwinterungsstadium ist die Puppe.

Dieses Exemplar der südeuropäischen Unterart wurde von einer Krabbenspinne erbeutet.

Gelbringfalter

Lopinga achine · Familie Augenfalter

Flügel oberseits dunkelbraun, vor dem Außenrand mit einer Reihe ovaler, mit einem gelbem Ring eingefasster, schwarzer Flecke. ♂♀ Mai–Jul

Flügelunterseite an den gleichen Stellen wie beim Vorderflügel mit großen Augenflecken und davor mit einer weißen Binde. Spannweite 50–55 mm.

Vorkommen In lockeren, warmen und etwas feuchten Laubwäldern mit grasreichem Unterwuchs; überall stark zurückgegangen und über weite Bereiche vollständig verschwunden.

Wissenswert! Die unverwechselbare Art hat ihre besten Bestände in den einst weit verbreiteten „Mittelwäldern". Bei dieser inzwischen fast überall aufgegebenen Nutzungsform werden die Wälder im Abstand von 20–30 Jahren zur Gewinnung von Brennholz eingeschlagen, einzelne höhere Bäume (meist Eichen) bleiben aber als Bauholzlieferanten stehen. Die Wälder erneuern sich mit Stockausschlägen. Die letzten noch weitgehend intakten Mittelwälder (z. B. im fränkischen Steigerwald) gehören zu den artenreichsten Schmetterlingsbiotopen; hier kann man neben dem Gelbringfalter auch solche Raritäten wie den Maivogel (⇨ S. 166) oder das Wald-Wiesenvögelchen (⇨ S. 134) beobachten. Der scheue G. fliegt morgens und in den späteren Nachmittagsstunden; während der heißesten Tageszeit hält er sich meist verborgen. Seine Raupe entwickelt sich an Gräsern und überwintert halbwüchsig. §

Waldbrettspiel

Gelbringfalter bei der Balz

Perlgrasfalter

Coenonympha arcania · Familie Augenfalter

Hinterflügel oberseits dunkelbraun, unterseits mit cremeweißer, breiter Binde, an deren Rand 6 weiß gekernte, gelb und schwarz umringte Augenflecke liegen. 🦋 Mai–Aug

Oberseite der Vorderflügel gelbbraun mit breitem, dunkelbraunem Randsaum, darin meist ein kleiner Augenfleck. Spannweite 28–35 mm.

Vorkommen Auf verbuschten Trockenrasen, an Waldsäumen und in lichten Laubwäldern; in M.-EU weit verbreitet, doch in vielen Gegenden recht selten geworden.

Wissenswert! Der Falter setzt sich wie alle *Coenonympha*-Arten fast immer mit geschlossenen Flügeln ab. Zum Sonnen sucht er gern einzelne, von Grasland umgebene Büsche auf, klappt hierzu aber nicht etwa die Flügel auseinander, sondern schwenkt, auf einem Blatt sitzend, seinen Körper mit nach oben zusammengelegten Flügeln so weit zur Seite, bis die Sonnenstrahlen rechtwinklig auf die Flügelunterseite treffen. Mit steigendem Sonnenstand nimmt er dabei eine immer stärkere Schräglage ein, bis er schließlich fast ganz zur Seite gekippt auf dem Blatt liegt.

Die Raupe frisst vorzugsweise an Rispen- und Perlgräsern. Die weißlich oder hellgrün gefärbte Puppe ist mit kontrastreich abgesetzten, schwarzbraunen Längsstreifen gezeichnet. Überwinterungsstadium ist die Raupe. Die Falter fliegen nur in 1 Generation pro Jahr. §

Oberseite

Kleines Wiesenvögelchen

Coenonympha pamphilus · Familie Augenfalter

Flügeloberseite gelbbraun mit unscharf begrenztem dunklerem Rand und kaum erkennbarem dunklem Punkt in der Vorderflügelspitze. 🦋 Mai–Sep

Unterseite der Vorderflügel mit deutlichem Augenfleck, die der Hinterflügel graubraun mit heller gefärbter Binde. Spannweite 23–33 mm. **Raupe** hellgrün mit dunklem Längsstreifen auf dem Rücken und gelblichen Seitenstreifen.

Vorkommen In offenen, grasbewachsenen Lebensräumen, z. B. auf Magerrasen, an Waldrändern, an Böschungen und auf Weideflächen; überall die häufigste Wiesenvögelchen-Art.

Wissenswert! Das K. W. kann bereits auf kleinen Flächen von wenigen Quadratmetern sein Auskommen finden, etwa an einem grasbewachsenen Wegrand neben intensiv genutzten landwirtschaftlichen Anbauflächen. Die Männchen warten hier auf ihren Sitzwarten auf vorbeikommende Weibchen, die ihre Eier dicht über dem Erdboden einzeln an Grashalme heften. Die Raupen können sich an vielen verschiedenen Grasarten entwickeln. Die Falter fliegen meist in 2 ineinander übergehenden Jahresgenerationen. Einzelne Raupen entwickeln sich aber auch unter normalen Bedingungen langsamer als die übrigen und ergeben erst im nächsten Jahr den Falter. Andererseits kann es unter besonders günstigen klimatischen Voraussetzungen offenbar auch zu einer dritten Generation im Jahr kommen. Die Verpuppung erfolgt in Bodennähe an Gräsern oder niederen Kräutern. Die grünliche Stürzpuppe ist auf den Flügelscheiden und an der Hinterleibsspitze mit dunkelbraunen Längsstreifen gezeichnet. Das Überwinterungsstadium ist die Jungraupe. §

Perlgrasfalter

Kleines Wiesenvögelchen

Großes Wiesenvögelchen

Coenonympha tullia · Familie Augenfalter

Hinterflügel-Unterseite mit deutlich hellerer Binde als beim Kleinen Wiesenvögelchen (⇨ S. 132). Jun–Aug

Außerdem Augenflecke zwischen der Binde und dem Flügelrand. Spannweite 30–35 mm. **Raupe** grün mit gelblichen Längsstreifen.

Vorkommen Auf Moorflächen und Streuwiesen; überall recht selten, am häufigsten noch im Alpenvorland.

Wissenswert! Die Falter fliegen meist an Stellen mit viel Wollgras. Sie verlassen diese oft blütenarmen Gebiete nur kurzzeitig, um auf Nachbarflächen Nektar zu saugen. Als Raupennahrung scheinen vor allem die Wollgräser zu dienen. §

Rotbraunes Wiesenvögelchen

Coenonympha glycerion · Familie Augenfalter

Ähnlich dem Großen Wiesenvögelchen, doch reicht die helle Binde im Hinterflügel nicht bis zu dessen Vorderrand. Jun–Aug

Spannweite 27–32 mm. **Raupe** grün mit dunklem Rückenstreif.

Vorkommen Auf Feuchtwiesen (hier gelegentlich in Gesellschaft des Gr. Wiesenvögelchens) ebenso wie auf Trockenrasen oder an sonnigen Waldsäumen; gebietsweise, etwa im Alpenvorland, nicht selten.

Wissenswert! Das R.W. kann sich etwas besser behaupten als die meisten anderen Arten dieser Gattung, da es sowohl auf feuchten wie auf ausgesprochen trockenen Flächen sein Auskommen findet. Die Falter sind regelmäßig beim Blütenbesuch zu beobachten. §

Wald-Wiesenvögelchen

Coenonympha hero · Familie Augenfalter

Spannweite 28–33 mm; Flügeloberseite dunkelbraun mit 3–4 Augenflecken am Rand des Hinterflügels. Mai–Jul

Unterseite der Hinterflügel mit einer auffälligen Reihe großer Augenflecke und davor einer schmalen, weißen Binde.

Vorkommen In lockeren, feuchten Wäldern und auf etwas verbuschten Feuchtwiesen; überall sehr selten geworden und heute hochgradig gefährdet.

Wissenswert! Die Art ist sehr standorttreu und verlässt ihr oft kleinflächiges Fluggebiet kaum. Dies macht sie anfällig für Veränderungen in ihrem Lebensraum. Die besten Bestände gibt es in den letzten Mittelwäldern (⇨ S. 130) Süddeutschlands. §

Ähnlich Das etwas größere **Moor-Wiesenvögelchen** *Coenonympha oedippus* hat auch auf der Unterseite der Vorderflügel 3–4 große Augenflecke. §

Alpen-Wiesenvögelchen

Coenonympha gardetta · Familie Augenfalter

Unterseite der Hinterflügel mit einer breiten, weißen Binde, in der eine Reihe schwarzer Augenflecke liegt. Jul–Sep

Augenflecke ohne gelben Ring. Spannweite um 30 mm.

Vorkommen Auf alpinen Matten und Almwiesen; nur in den Alpen zwischen 1000 und fast 3000 m, gebietsweise recht häufig, z. B. in den Schweizer Zentralalpen.

Wissenswert! Die Art saugt gern an alpinen Polsterpflanzen. Sie kann in den Regionen oberhalb der Baumgrenze, die nur noch von wenigen anderen Insekten besiedelt werden, mancherorts in großer Individuenzahl auftreten. §

Ähnlich **Darwins Wiesenvögelchen** *Coenonympha darwiniana*, Augenflecke auf der Unterseite der Hinterflügel gelb und schwarz umringt; nur in den Südalpen. §

Großes Wiesenvögelchen

Rotbraunes Wiesenvögelchen

Wald-Wiesenvögelchen

Alpen-Wiesenvögelchen

Großes Ochsenauge

Maniola jurtina · Familie Augenfalter

Flügel beim ♂ oberseits dunkelbraun mit schwarzem Duftschuppenfleck und kleinem, hell eingefasstem Augenfleck. ƸƷ Jun–Sep

♀ (linkes Foto) mit ausgedehnterer orangebrauner Zeichnung. Spannweite 40–48 mm. **Raupe** hellgrün mit langer, feiner Behaarung; Rückenhaare nach hinten gebogen.

Vorkommen Auf Wiesen, Waldlichtungen, an Wegrändern, auf Trockenrasen und in neuerer Zeit zunehmend auch in Gärten; fast überall häufig, einer der häufigsten Augenfalter.

Wissenswert! Der Falter fliegt in einer sehr langgezogenen Generation vom Frühsommer bis zum Beginn des Herbstes. Dies erklärt sich aus der individuell sehr verschiedenen Entwicklungsgeschwindigkeit der Raupen. Diese überwintern nach der ersten oder zweiten Häutung und wachsen nach der Überwinterung unterschiedlich rasch heran. Als Futterpflanzen dienen ihnen verschiedene Grasarten, darunter Knäuelgras, Wiesen-Rispengras und auch Seggen. Sie verpuppen sich an dürren Pflanzenstängeln dicht über dem Boden. Die Stürzpuppe ist meist grün, seltener weißlich gefärbt und kann mit kontrastreich abgesetzten, dunklen Streifen gezeichnet sein.

Ähnlich **Kleines Ochsenauge** *Hyponephele lycaon*, etwas geringere Flügelspannweite, ♀ mit 2 Augenflecken im Vorderflügel. Die in SO-EU weit verbreitete Art kommt nach NW sehr vereinzelt bis in die S-Schweiz und ins östliche D vor, ist hier aber an den meisten früheren Fundorten in letzter Zeit verschwunden. **§**

Rotbraunes Ochsenauge

Pyronia tithonus · Familie Augenfalter

Flügel orangebraun mit dunkelbraunen Rändern und doppelt weiß gekerntem Augenfleck in der Vorderflügelspitze. ƸƷ Jul–Sep

♂ (Foto) mit großem, schrägem Duftschuppenfleck. Spannweite 30–38 mm. **Raupe** graubraun oder hellgrün mit dunkleren Längsstreifen.

Vorkommen In lockeren Laubwäldern und an Waldsäumen, vorwiegend an warmen Orten; besonders im Rheintal, vereinzelt aber bis ins nördliche D.

Wissenswert! Die Männchen sitzen gern am Rand von Waldwegen und verteidigen von dort aus ihre Reviere gegen Artgenossen. Die Weibchen legen ihre Eier einzeln an verschiedene Gräser. Die Überwinterung erfolgt als Jungraupe. **§**

Schornsteinfeger

Aphantopus hyperantus · Fam. Augenfalter

Flügel dunkelbraun, Unterseite des Hinterflügels mit 5 gelb umringten Augenflecken. ƸƷ Jun–Aug

♂ mit 2 sehr kleinen, ♀ mit 3 deutlichen Augenflecken im Vorderflügel. Spannweite 35–42 mm. **Raupe** graubraun mit dunklem Rückenstreifen und heller Seitenlinie.

Vorkommen In lichten Wäldern, an Waldrändern und auf Wiesen; ziemlich häufig.

Wissenswert! Der Falter konnte sich in der herkömmlichen Kulturlandschaft bisher gut behaupten. Mit den immer weiter intensivierten Bewirtschaftungsmethoden in der Landwirtschaft, insbesondere durch die verstärkte Ausbringung von Gülle, bekommt aber auch diese Art vermehrt Probleme und zieht sich zunehmend aus landwirtschaftlich genutzten Flächen zurück.

Großes Ochsenauge Weibchen (links) und Falter bei der Paarung (rechts)

Rotbraunes Ochsenauge

Schornsteinfeger

Weißband-Mohrenfalter

Erebia ligea · Familie Augenfalter

Vorderflügel oberseits schwarzbraun mit zusammenhängender, roter Binde und 4 Augenflecken. 🦋 Jul–Aug

Hinterflügel unterseits dunkelbraun mit weißer Binde; Flügelränder bei ♂ und ♀ mit kontrastreich schwarz-weiß gescheckten Fransen. Spannweite 37–45 mm.

Vorkommen In lichten Wäldern, auf Waldwiesen, an Waldrändern und entlang von Waldwegen; in den Mittelgebirgen ebenso wie in den Alpen weit verbreitet, doch gebietsweise (vor allem außerhalb der Alpen) in letzter Zeit deutlich zurückgegangen.

Wissenswert! Der Falter besucht häufig Blüten, bevorzugt violette und gelbe, die so groß sind, dass er sich auf ihnen absetzen kann, z. B. von Skabiosen, Flockenblumen und Habichtskräutern.

Das Weibchen heftet die Eier dicht über dem Boden an dürre oder frische Gräser. Dort überwintert das Gelege. Die Raupe ist graubraun mit einem dunkleren Rückenstreifen und zahlreichen kurzen, dunklen Haaren. Sie überwintert vor der Verpuppung noch einmal, sodass sich die gesamte Entwicklung über 2 Jahre erstreckt. §

Rundaugen-Mohrenfalter

Erebia medusa · Familie Augenfalter

Unterseite der Hinterflügel wie die Oberseite schwarzbraun mit rot umrandeten Augenflecken. 🦋 Mai–Jul

Binde im Vorderflügel in mehrere rote Flecke geteilt. Spannweite 32–40 mm.

Vorkommen Auf Trockenrasen, in lichten Wäldern ebenso wie auf Feuchtwiesen am Rand von Mooren; in den Alpen und Mittelgebirgen ziemlich verbreitet.

Wissenswert! Die Art unterscheidet sich durch ihre frühe Flugzeit recht deutlich von den übrigen Mohrenfaltern. Die Entwicklung der Raupe ist meist einjährig. §

Waldmohrenfalter

Erebia aethiops · Familie Augenfalter

Ähnlich dem Weißband-Mohrenfalter, doch Augenflecke auf den Vorderflügeln meist etwas größer. 🦋 Jul–Sep

Unterseite der Hinterflügel dunkelbraun mit breiter, grauer oder gelbbrauner Binde. Spannweite um 45 mm.

Vorkommen Auf Waldlichtungen und feuchten wie trockenen Wiesen; in den Alpen und einigen Mittelgebirgen ziemlich verbreitet.

Wissenswert! Die zunächst tagaktive Raupe überwintert noch klein und wird ab dem vorletzten Stadium nachtaktiv. §

Schillernder Mohrenfalter

Erebia tyndarus · Familie Augenfalter

Vorderflügel oberseits mit rotbraunem Fleck, darin 2 Augenflecke, beim ♂ (Bild) zudem mit Grünschiller. 🦋 Jul–Sep

Unterseite der Hinterflügel grau, dunkle Zackenbinden. Spannweite um 35 mm.

Vorkommen Auf Almwiesen und steinigen Alpenmatten von 1000 m bis fast 3000 m; nur in den Alpen, hier aber recht häufig.

Wissenswert! Die Art tritt an ihren Fundorten oft zahlreich auf und gehört damit zu den auffallendsten Schmetterlingen in den Hochlagen der Alpen. §

Eismohrenfalter

Erebia pluto · Familie Augenfalter

Flügeloberseite mit einer aus einzelnen Flecken zusammengesetzten Binde, meist ohne Augenflecken. 🦋 Jun–Aug

Unterseite der Hinterflügel beim ♂ schwarz, beim ♀ mit grauer Binde. Spannweite um 45 mm.

Vorkommen Auf Geröllhalden und Felsschutt in Höhen zwischen 1600 und 3200 m; ausschließlich in den Alpen.

Wissenswert! Wie auch andere alpine Mohrenfalter setzt sich der E. zum Sonnen gern auf einen Stein. Er verlässt seinen angestammten Lebensraum kaum. §

Weißband-Mohrenfalter

Rundaugen-Mohrenfalter

Waldmohrenfalter

Schillernder Mohrenfalter

Eismohrenfalter

Berghexe

Chazara briseis · Familie Augenfalter

Flügeloberseite dunkelbraun mit breiter, weißer Binde, die sich im Vorderflügel aus mehreren Flecken zusammensetzt und 1–2 Augenflecke einschließt. Jul–Aug

Flügelunterseite weißlich und grau marmoriert. Spannweite 45–60 mm. **Raupe** hell gelblich grau mit dunkelbraunem Streifen längs des Rückens und grauen Seitenbinden; Kopf gelbbraun mit grauen Längsstreifen.

Vorkommen An warmen Stellen auf Felsschutthalden und sehr kurzrasigen, steinigen bis felsigen Magerrasen; stark zurückgehend, in D wohl nur noch an einzelnen Fundorten in Süddeutschland.

Wissenswert! Die B. fliegt nur in Gebieten mit äußerst lückiger Vegetation. Dabei ist es nicht entscheidend, ob die geringe Bodenbedeckung natürlicherweise (wie etwa auf Geröllhalden an Felshängen) oder durch Bodenbearbeitung (z. B. an Schürfstellen zur Brandkalkgewinnung) bzw. durch intensive Schaf- oder Ziegenbeweidung entstanden ist. Da aber die kleinflächigen Entnahmestellen für Brandkalk mittlerweile nicht mehr benötigt werden und auch die Beweidung stark zurückgegangen ist, sind heute fast alle einstigen Fundstellen der B. verwaist. So steht die Art z. B. in der Schweiz kurz vor dem völligen Verschwinden.

Die Falter setzen sich fast immer mit geschlossenen Flügeln am Boden oder auf Steinen ab und sind hier dank ihrer Tarnfärbung kaum zu entdecken. Lediglich bei kühlem, aber sonnigem Wetter öffnen sie ihre Flügel, um Wärme zu tanken. Die Eier werden in Bodennähe an Gräser geklebt. Die Raupe überwintert noch klein. §

Blauäugiger Waldportier

Minois dryas · Familie Augenfalter

Flügel dunkelbraun mit 2 blau gekernten Augenflecken in den Vorderflügeln, diese beim ♀ (Bild) größer als beim ♂. Jul–Sep

Spannweite 45–60 mm.

Vorkommen Auf Feuchtwiesen und Flachmooren, doch auch auf Trockenrasen; überall stark zurückgegangen (besonders an den Trockenstandorten), aber an den verbliebenen Fundorten z. T. noch in individuenreichen Beständen.

Wissenswert! Im Gegensatz zu den meisten näheren Verwandten setzt sich der Falter gern mit weit geöffneten Flügeln ab. Er besucht regelmäßig Blüten, vor allem violette. Zur Eiablage setzt sich das Weibchen jeweils an einen Grashalm und lässt das Ei zu Boden fallen. Die braune, hell und dunkel längsgestreifte Raupe überwintert in einem frühen Entwicklungsstadium. Sie ernährt sich von verschiedenen Gräsern und verpuppt sich am Boden. §

Rostbinde

Hipparchia semele · Familie Augenfalter

Flügeloberseite dunkelbraun mit rostgelben Zeichnungen und 2 Augenflecken im Vorderflügel. Jun–Sep

Spannweite 48–55 mm. **Raupe** graugelb mit dunkleren Längsbinden.

Vorkommen Auf felsigen Trockenrasen und offenen Sandheiden; von den Alpen bis ins norddeutsche Flachland, aber überall selten.

Wissenswert! Der Falter fliegt an manchen Fundorten gemeinsam mit der Berghexe. Wie diese setzt er sich meist mit zusammengeklappten Flügeln am Boden ab und ist dann schwer zu entdecken. Bei Beunruhigung schiebt er die Vorderflügel hoch und präsentiert deren auffallende Unterseite. §

Berghexe

Blauäugiger Waldportier

Rostbinde

Kleiner Waldportier

Hipparchia alcyone · Familie Augenfalter

Flügel oberseits dunkelbraun mit blass gelblicher Binde, die im Vorderflügel 1–2 Augenflecke einschließt.
Jul–Aug

Unterseite der Hinterflügel in der Basalhälfte schwarzbraun, davor eine gezackte, weiße Binde. Spannweite 54–58 mm. **Raupe** bräunlich mit dunklem Rückenstreifen.

Vorkommen Auf offenen felsigen, steinigen oder sandigen Flächen; selten.

Wissenswert! Der Falter setzt sich gern mit geschlossenen Flügeln an Baumstämmen, aber auch am Boden ab. §

Ähnlich Der kaum größere **Große Waldportier** *Hipparchia fagi* ist nur durch Untersuchung präparierter Falter mit Sicherheit vom K. W. zu unterscheiden. §

Weißer Waldportier

Brintesia circe · Familie Augenfalter

Flügel oberseits dunkelbraun mit breiter, weißer Binde, die sich im Vorderflügel in einzelne Flecke auflöst.
Jun–Sep

Unterseite ähnlich wie beim Kleinen Waldportier, aber mit weniger scharf abgesetzter weißer Binde. Spannweite 55–65 mm. **Raupe** hellgrau mit dunkleren Längsstreifen.

Vorkommen In lockeren Wäldern, an Waldrändern und auf Trockenrasen an warmen Stellen; selten, in Südeuropa ziemlich häufig.

Wissenswert! Die Falter saugen gern an ausfließendem Baumsaft, z. B. an blutenden Eichen. Die Eier werden vom Weibchen einzeln fallen gelassen. Die Raupe überwintert noch sehr klein und ernährt sich von Gräsern. §

Schachbrett

Melanargia galathea · Familie Augenfalter

Durch die oberseits schachbrettartig schwarz-weiß gemusterten Flügel mit keinem anderen heimischen Tagfalter zu verwechseln. Jun–Aug

Spannweite 37–52 mm. **Raupe** hellbraun oder grün, heller und dunkler gestreift; Kopf braun.

Vorkommen Auf Trockenwiesen, Waldlichtungen und grasbewachsenen Sandflächen, gern auch in Sekundärlebensräumen, etwa an Straßenböschungen, Hochwasserdämmen oder in Kiesgruben; fast überall häufig.

Wissenswert! Im Gegensatz zu vielen anderen Tagfaltern warten die Männchen nicht an Ansitzplätzen auf vorbeikommende Weibchen, sondern führen dicht über dem Boden Suchflüge aus, bei denen sie in den Entwicklungsgebieten der Raupen nach frisch geschlüpften Partnerinnen Ausschau halten. Ältere Weibchen üben dagegen auf sie kaum Anziehungskraft aus.
Zur Eiablage fliegen die Weibchen Grashalme an und lassen dort nach kurzer Rast ein oder wenige Eier fallen. Die Raupe überwintert noch sehr klein. Zunächst frisst sie tagsüber, später nur noch nachts an Zwenken, Rispengräsern und Trespen-Arten. Zur Verpuppung fertigt sie sich ein kleines Gespinst am Boden.

Kleiner Waldportier

Weißer Waldportier

Schachbrett

Admiral

Vanessa atalanta · Familie Edelfalter

Vorderflügel mit roter Binde und schwarzer, weiß gefleckter Spitze; Unterseite der Hinterflügel dunkelbraun marmoriert, mit dunkler Zeichnung in Form einer „8". Ganzjährig.

Spannweite 50–60 mm. **Raupe** in 2 Färbungsvarianten, zum einen schwarz mit kontrastreich abgesetzten, gelben Seitenflecken, zum andern grau bis braun mit weniger deutlichen, hellen Flecken.

Vorkommen Vor allem an Waldrändern, auf Streuobstwiesen sowie im Siedlungsbereich, doch auch in einer Vielzahl anderer Lebensräume; überall häufig.

Wissenswert! Der Falter ist in Gärten oft an Fallobst, aber auch am Schmetterlingsflieder (Buddleja) zu beobachten. Seine Raupe entwickelt sich in M.-EU offenbar ausschließlich an der Großen Brennnessel, in S-EU auch an Glaskraut-Arten (*Parietaria*-Arten). Das Weibchen legt seine Eier einzeln ab, vorzugsweise an sonnig stehende, kleinere Pflanzen. Die Raupe ist anhand ihres charakteristischen Verstecks leicht zu finden (kleines Foto): Sie benagt ein Brennnesselblatt am Ende des Blattstiels, worauf dieses nach unten abknickt und sich zu einer Art Zelt zusammenrollt. Die Art überwintert als Falter, kann aber in unseren Breiten die kalte Jahreszeit nur selten überleben. Alljährlich erfolgt jedoch über die Alpen ein Zuflug neuer Falter.

Distelfalter

Vanessa cardui · Familie Edelfalter

Spitzen der Vorderflügel wie beim Admiral, Flügeloberseite ansonsten gelbbraun bis rosa mit dunklerer Fleckung. Ganzjährig.

Spannweite 45–60 mm. **Raupe** sehr variabel gefärbt, von grau über ockerbraun bis dunkelbraun, stets mit feinen, gelblichen Längslinien gezeichnet.

Vorkommen Vorwiegend in offenen, trockenen Lebensräumen, z. B. an Wegrändern, auf Trockenrasen und sonnigem Ödland, doch auch auf kultivierten Flächen; meist häufig.

Wissenswert! Der D. ist ebenso wie der Admiral ein ausgesprochener Wanderfalter. Er überwintert wie dieser als Falter, geht aber nördlich der Alpen und offenbar sogar im Mittelmeergebiet während des Winters fast immer zugrunde, da sich die Falter, anders als der Admiral und die *Nymphalis*-Arten, nicht zur Winterruhe zurückziehen, sondern aktiv bleiben. Die Populationen bauen sich daher alljährlich neu aus Tieren auf, die von N-Afrika über das Mittelmeer hinweg eingewandert sind. Die ersten Tiere erreichen Ende März das südliche EU. Einige von ihnen fliegen gleich weiter, andere bringen dort eine Nachfolgegeneration hervor, die meist im Mai die Alpen überquert. Diese Tiere vermischen sich mit den in M.-EU geschlüpften Faltern, und später können noch 1–2 weitere Generationen folgen. Ab Juli wandern einzelne Exemplare dann wieder gen Süden. Die einzeln lebende Raupe entwickelt sich meist an Disteln, aber auch an Huflattich, Kletten oder Brennnesseln. Sie verbirgt sich zwischen lose zusammengesponnenen Blättern. Die Verpuppung erfolgt meist abseits der Fraßpflanze.

Admiral saugt an faulem Fallobst

Distelfalter

Tagpfauenauge

Aglias io · Familie Edelfalter

Durch die typischen Augenzeichnungen auf den Vorder- und Hinterflügeln mit keinem anderen Schmetterling zu verwechseln. Ganzjährig.

Spannweite 50–55 mm. **Raupe** schwarz mit zahlreichen weißen Punkten.

Vorkommen In den verschiedensten Lebensräumen; überall häufig.

Wissenswert! Der Falter bringt meist 2, gelegentlich 3 Generationen im Jahr hervor, in klimatisch ungünstigeren Lagen, etwa im Bergland, dagegen nur eine. Raupennährpflanze ist bei uns ausschließlich die Große Brennnessel. Die Eiablage erfolgt vorzugsweise an die Blattunterseite frisch ausgetriebener Pflanzen. Die Jungraupen überziehen die Triebe, an denen sie fressen, mit einem gemeinsamen Gespinst. Erst im vorletzten Häutungsstadium trennen sie sich allmählich voneinander und suchen schließlich verborgene Orte auf, wo sie sich z. B. an einem dürren Zweig zur Verpuppung festheften. Nach 2–3 Wochen schlüpft aus der Stürzpuppe der fertige Falter, der sich kurz darauf wieder fortpflanzt oder sich zur Winterruhe in ein geschütztes Quartier (Dachboden, Höhle, Fuchsbau o. ä.) zurückzieht. Die Winterruhe dauert bis März oder April; dann sind die frisch erwachten Falter an den ersten Frühlingsblühern bei der Nektaraufnahme zu beobachten. Die Männchen besetzen anschließend eigene Reviere, in denen sie die zur Eiablage auftauchenden Weibchen begatten.

Kleiner Fuchs

Aglias urticae · Familie Edelfalter

Flügel oberseits gelbrot mit blauen, mondförmigen Randflecken, unterseits unauffällig hell- und dunkelbraun gemustert. Ganzjährig.

Spannweite 40–50 mm. **Raupe** dunkelgrau mit 2 zitronengelben Längsbinden in der Rückenmitte und weiteren gelben Längsstreifen an den Seiten.

Vorkommen In offenen Lebensräumen überall sehr häufig.

Wissenswert! Wie das Tagpfauenauge entwickelt sich auch der K. F. bei uns ausschließlich an der Brennnessel. Die Eiablage erfolgt nur an sonnig stehenden, frisch ausgetriebenen Pflanzen, im Gegensatz zum Tagpfauenauge aber vorzugsweise an trockenen Standorten. Das Weibchen heftet seine Eier in dichten Gelegen von etwa 50–200 Stück an die Blattunterseite. Die Raupen leben wie die des Tagpfauenauges zunächst gelegeweise beieinander. Erst nach der 2. Häutung, wenn sich ihre gelben Längsstreifen ausgebildet haben, sind sie leicht von den Raupen der verwandten Art zu unterscheiden. Die Raupen der 1. Generation können sich bereits Mitte bis Ende Mai verpuppen. Nach kurzer Puppenruhe erscheinen dann zwischen Ende Mai und Mitte Juni die ersten Falter der neuen Generation. Die neuen Falter legen noch im Juni Eier, und ab Anfang Juli, meist aber erst im August, beginnt die 2. Jahresgeneration zu fliegen. Fast immer ziehen sich diese Tiere wenig später in ein Winterquartier (recht oft in Gebäuden) zurück; nur in Ausnahmefällen scheinen sie sich noch im gleichen Jahr ihrerseits fortzupflanzen und damit eine 3. Faltergeneration hervorzubringen.

Tagpfauenauge beim Blütenbesuch (links) und bei der Eiablage (rechts)

Kleiner Fuchs

Großer Fuchs

Nymphalis polychloros · Familie Edelfalter

Hinterflügeloberseite mit dunklem Fleck in der Mitte des Vorderrands (beim ähnlichen Kleinen Fuchs die ganze basale Flügelhälfte schwarzbraun). Ganzjährig.

Spannweite 50–55 mm. **Raupe** graubraun mit wenig auffallenden, gelbbraunen Längsstreifen und gelbbraunen Dornen.

Vorkommen An Waldrändern, in lichten Wäldern, auf verbuschten Trockenrasen, auch in Gärten und auf Obstwiesen; in M.-EU überall stark zurückgegangen, aus vielen Gebieten ganz verschwunden, in S-EU dagegen stellenweise noch recht häufig.

Wissenswert! Der Falter ist oft beim Blütenbesuch zu beobachten, z. B. nach dem Ende der Winterruhe an blühenden Sal-Weiden oder später an Schlehen- und Löwenzahnblüten. Daneben saugt er aber auch gern an austretendem Baumsaft, an Wasserpfützen oder an frischem Kot. Als Futterpflanzen der Raupen dienen vor allem Weiden-, Pappel- und Ulmen-Arten, außerdem Obstbäume. Die Eier werden in dichten Spiegeln von etwa 70–100 Stück um dünne Zweige gelegt. Die Raupen leben zunächst gesellig, erst im letzten Stadium vereinzeln sie sich. Zum Rückgang der Art dürfte der verstärkte Einsatz von Spritzmitteln in der Landwirtschaft ebenso beigetragen haben wie das in der Forstbewirtschaftung übliche Entfernen der Weichhölzer entlang von Waldwegen und -säumen. §

Links: Raupe, oben: Puppe

Trauermantel

Nymphalis antiopa · Familie Edelfalter

Mit 55–75 mm Spannweite auffallend groß, Flügel oberseits dunkelbraun mit blauen Saumflecken und gelber (nach der Überwinterung weißer) Randbinde. Ganzjährig.

Raupe schwarzbraun mit einer roten Fleckenreihe in der Rückenmitte.

Vorkommen Meist in Laub- und Nadelwäldern, auch an Alleen und in Obstgärten, gern an etwas feuchten Stellen; in M.-EU ziemlich selten geworden, am häufigsten noch in feucht-kühlen Klimagebieten (z. B. im Bergland oder im nördlichen D).

Wissenswert! Die Falter besuchen nur selten Blüten. Viel häufiger sieht man sie an Baumwunden saugen, im Spätsommer und Herbst auch an Fallobst. Futterpflanzen der Raupen sind meist Sal-Weiden oder Birken. Die Raupen leben bis zum letzten Stadium gesellig beieinander und können dabei einzelne Zweige der Futterpflanze kahlfressen. Der starke Rückgang dieser Art ist wohl nicht allein auf Umweltveränderungen zurückzuführen. Ganz offensichtlich spielen auch spezielle Parasiten (Raupenfliegen und Schlupfwespen) dabei eine wichtige Rolle. Nachdem in guten Falterjahren gebietsweise ein auffallend starker Parasitenbefall festzustellen war, gingen die Falterpopulationen in den Folgejahren überall dramatisch zurück. Erst in jüngster Zeit wird die Art wieder häufiger beobachtet. Offenbar sind mit dem Rückgang ihrer Wirte, nur zeitlich etwas versetzt, zwangsläufig auch die Parasiten seltener geworden. Dieses in der Fachsprache als „Massenwechsel" bezeichnete Phänomen lässt sich auch bei einigen anderen heimischen Schmetterlingsarten beobachten. §

Großer Fuchs

Trauermantel

C-Falter

Polygonia c-album · Familie Edelfalter

An den Kleinen Fuchs erinnernd, doch mit auffallend zackig eingeschnittenen Flügelrändern; Unterseite der Hinterflügel mit weißlicher, c-förmiger Zeichnung. Ganzjährig.

Spannweite 42–50 mm. **Raupe** gelbbraun bis gelbrot, im hinteren Teil am Rücken weiß gefärbt.

Vorkommen Vorwiegend in lichten Wäldern, an Waldrändern und auf Obstwiesen; fast überall ziemlich häufig, doch meist in geringer Individuendichte.

Wissenswert! Der Falter besucht gern Disteln, aber noch häufiger blutende Bäume, Aas und Kot oder überreifes Fallobst. Die Männchen besetzen Reviere, die sie von einem Ansitz am Boden oder einer Zweigspitze aus überwachen. Von hier fliegen sie andere Falter, durchaus auch größere Arten, an und versuchen, sie zu vertreiben.

Die eigenartig gezeichnete Raupe erinnert auffällig an Vogelkot, zumal sie oft in einer stark zusammengekrümmten Körperhaltung ruht. Sie kann sich an verschiedenen Pflanzen entwickeln, neben der Brennnessel unter anderem an Sal-Weide, Hopfen, Hasel und Ulmen sowie an Stachel- und Johannisbeeren. Die Eier werden einzeln an der Futterpflanze abgelegt.

Die Art bringt meist 2 Generationen im Jahr hervor, die sich vor allem in der Färbung der Hinterflügelunterseite unterscheiden. Die überwinternde Generation weist dort eine dunkelbraune, im Randbereich oft metallisch grün glänzende Färbung auf (linkes Foto), während die sich noch im gleichen Jahr wieder fortpflanzende Sommergeneration an dieser Stelle recht bunt gelb, braun und violett gescheckt ist.

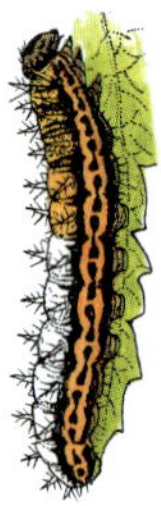

Landkärtchen

Araschnia levana · Familie Edelfalter

Flügelunterseite mit charakteristischem Linien- und Fleckenmuster, das an eine Landkarte erinnert (kl. Foto). Apr–Sep

Falter der zwei auftretenden Generationen sehr verschieden gefärbt: Flügeloberseite im Frühjahr gelbrot mit schwarzer Fleckung (forma *levana*, linkes gr. Foto), im Sommer schwarzbraun mit weißlicher Fleckung (forma *prorsa*, rechtes gr. Foto). Spannweite 28–40 mm. **Raupe** schwarzbraun, mit braunen Stacheln; auch auf der Kopfkapsel 2 Dornen.

Vorkommen An Wald- und Wegrändern, oft auch an schattigen Stellen; nicht selten.

Wissenswert! Die hell gefärbten Falter der Frühlingsgeneration schlüpfen aus überwinterten Puppen. Die dunkel gefärbten Tiere der nachfolgenden Sommergeneration sehen so anders aus, dass man sie ohne Kenntnis der Zusammenhänge zweifellos für Angehörige einer anderen Art halten muss. In aufwendigen Untersuchungen ließ sich aber belegen, dass die Färbungs- und Zeichnungsunterschiede allein auf die Umweltbedingungen zurückzuführen sind, denen die Puppen ausgesetzt waren, insbesondere Tageslänge und Temperatur. Raupennährpflanze ist ausschließlich die Brennnessel. Die Raupen aus den Eiern der Sommergeneration verpuppen sich im Spätsommer und überwintern.

C-Falter

Landkärtchen Frühjahrsform (links) und Sommerform (rechts)

Erdbeerbaumfalter

Charaxes jasius · Familie Edelfalter

Durch die sehr bunt gezeichnete Flügelunterseite und die 2 Schwanzfortsätze an jedem Hinterflügel unverwechselbar. 🦋 Mai–Sep in 2 Generationen.

Spannweite 75–85 mm. **Raupe** grün, fein gelb gepunktet, mit 4 langen Hörnern an der Kopfkapsel.

Vorkommen In küstennahen Regionen des Mittelmeergebiets in Gebüschen und an Waldrändern, regelmäßig auch im Siedlungsbereich; in M.-EU fehlend.

Wissenswert! Der auffällige Falter hält sich gern in halbschattigen Bereichen auf und zeigt eine Vorliebe für süßes Obst. Im September kann man ihn z. B. regelmäßig an aufgeplatzten, überreifen Feigen beobachten.

Futterpflanze der Raupe ist der Erdbeerbaum. Der Falter legt seine runden, etwa 2 mm großen, gelben Eier meist einzeln auf der Ober- oder Unterseite der ledrigen Blätter ab. Die Raupe webt sich meist auf der Mitte der Blattoberseite ein flächiges Seidengespinst, das ihr als Ruheplatz dient. Zum Fressen wandert sie, zumindest in den älteren Stadien, zu anderen Blättern und kehrt in den Fraßpausen zu ihrem Ruheplatz zurück. Dieser kann aber im Lauf der Entwicklung mehrfach wechseln. Die Raupen der Frühsommergeneration entwickeln sich recht zügig zur spätsommerlichen 2. Faltergeneration, deren Weibchen ihre Eier im September ablegen. Die daraus schlüpfenden Raupen überwintern und ergeben im nächsten Frühjahr eine neue Schmetterlingsgeneration. Die Verpuppung findet meist an der Nahrungspflanze statt. Die vergleichsweise kleine Puppe ist regelmäßig oval geformt und weißlich grün gefärbt.

Großer Eisvogel

Limenitis populi · Familie Edelfalter

Dieser größte heimische Tagfalter erreicht eine Spannweite von 65–80 mm. 🦋 Mai–Aug

Raupe grün mit verwaschenen, hellen und dunklen Zeichnungen, hinter dem Kopf mit 2 bedornten, fingerförmigen Zapfen.

Vorkommen In lockeren, etwas feuchten Laubmischwäldern und an Waldrändern; überall selten geworden, aus weiten Gebieten bereits ganz verschwunden.

Wissenswert! Die Falter fliegen vorzugsweise im Bereich der Baumwipfel und kommen meist nur vormittags zum Boden herab, um dort z. B. an Wasserpfützen zu saugen. Sie besuchen keine Blüten, sind aber gelegentlich an tierischen Exkrementen zu beobachten und lassen sich durch stark riechende Käseköder anlocken. Die Raupe entwickelt sich vor allem an der Zitter-Pappel, doch auch an anderen Pappelarten. Sie befrisst in ihrer Jugend ein Blatt von der Spitze her, lässt die Mittelrippe stehen und verlängert sie noch durch angesponnene Kotpartikel. Auf dieser „Kotrippe" hat sie ihren Ruheplatz, den sie in den Fresspausen stets aufsucht. Vor der Überwinterung beißt sie aus dem Blatt ein rundes Stück heraus, spinnt dieses flach an einem Zweig fest und biegt die Ränder zu einer Art Tüte zusammen. Anschließend zieht sie sich in dieses sehr gut getarnte Hibernarium zur Winterruhe zurück. Im Frühjahr wächst sie rasch heran und verwandelt sich in einem etwas eingerollten Blatt in eine hell cremefarbene, dunkel gefleckte Puppe. §

Erdbeerbaumfalter Flügelunterseite (links) und Flügeloberseite (rechts)

Großer Eisvogel Flügeloberseite (links) und Flügelunterseite (rechts)

Kleiner Eisvogel

Limenitis camilla · Familie Edelfalter

Flügel oberseits schwarzbraun mit weißer Fleckenbinde, unterseits rot mit 2 Reihen schwarzer Punkte und weißer Binde. Ƹ̵̡Ӝ̵̨̄Ʒ Jun–Aug

Spannweite 45–52 mm. **Raupe** hellgrün mit weißlicher Seitenlinie und paarigen, braunen Rückendornen.

Vorkommen An Waldwegen und in lichten Laubwäldern, gern an feuchten Stellen.

Wissenswert! Der Falter besucht nur selten Blüten. Er scheint sich vorwiegend von Ausscheidungen der Blattläuse, dem Honigtau, zu ernähren. Nicht selten ist er auch an Wegpfützen oder Tierkot zu beobachten. Die Raupe entwickelt sich meist an feuchtschattig stehenden Büschen der Roten Heckenkirsche. Sie baut wie die des Großen Eisvogels (⇨ S. 152) zunächst eine Kotrippe an dem von ihr besetzten Blatt und fertigt zur Überwinterung ein Hibernarium an. Sie nimmt hierfür aber nicht ein abgetrenntes Blattstück, sondern schneidet mit einer ziemlich geraden Trennlinie eine Blattspitze ab und benutzt für ihre Zwecke die Blattbasis mitsamt dem Stiel, den sie am Zweig festspinnt. Anschließend biegt sie die beiden Blattzipfel über der Mittelrippe zu einer Art Tüte zusammen, in der sie sich verbirgt. Ihr Hinterende ragt dabei nach unten etwas aus der Blatttüte heraus. Die später bräunlich verwelkten Hibernarien mit den darin ruhenden Raupen sind im Winter an den ansonsten kahlen Heckenkirschensträuchern ziemlich leicht zu finden. §

Blauschwarzer Eisvogel

Limenitis reducta · Familie Edelfalter

Ähnlich dem Kleinen Eisvogel, doch mit deutlicher Blautönung; auf dem Vorderflügel ein zusätzlicher weißer Fleck. Ƹ̵̡Ӝ̵̨̄Ʒ Mai–Sep

Flügelunterseite weiß und dunkelrot, mit einer einfachen Reihe schwarzer Punkte. Spannweite 45–50 mm. **Raupe** ähnlich der des Kleinen Eisvogels.

Vorkommen An besonnten, trockenen Waldrändern; in M.-EU selten, in S-EU häufig.

Wissenswert! Die Raupe des B. E. ist ebenfalls an Heckenkirschen zu finden, aber nur an solchen, die sonnig stehen. Während die Art nördlich der Alpen nur 1 Generation im Jahr hervorbringt, fliegt in S-EU regelmäßig im Spätsommer eine zweite. §

Schwarzer Trauerfalter

Neptis rivularis · Familie Edelfalter

Färbung ähnlich dem Kleinen Eisvogel, aber Flügel viel breiter gerundet; weiße Binde in den Hinterflügeln breiter. Ƹ̵̡Ӝ̵̨̄Ʒ Mai–Aug

Spannweite 42–50 mm.

Vorkommen In warmen, feuchten Waldgebieten; in SO-EU weit verbreitet, nach N und W bis in einige südliche Alpentäler; fehlt in D.

Wissenswert! Der Falter ist vor allem an schattigen Stellen in der Nähe von Bächen zu finden. Seine braune, mit hellen Schrägstreifen gezeichnete Raupe entwickelt sich meist am Wald-Geißbart, einer typischen Schluchtwaldpflanze. In den ersten Wachstumsstadien ruht sich die Raupe in den Fresspausen in einer kleinen Blattrolle aus, die sie sich sogleich nach dem Verlassen und Verzehren der Eihülle aus einer Blattspitze der Futterpflanze herstellt. Zur Überwinterung fertigt sie sich später eine zweite, deutlich größere Blattrolle an.

Kleiner Eisvogel

Blauschwarzer Eisvogel

Schwarzer Trauerfalter

Großer Schillerfalter

Apatura iris · Familie Edelfalter

Flügel des ♂ (linkes großes Bild) mit je nach Lichteinfall wechselndem Blauschiller, der dem ♀ fehlt. 🦋 Jun–Aug

Spannweite 55–65 mm. **Raupe** grün, mit 2 langen, nach vorn gerichteten Kopfhörnern und zugespitztem Hinterende.

Vorkommen An Waldwegen und Waldrändern, meist an etwas feuchten Stellen; in M.-EU ziemlich verbreitet, nach N hin seltener werdend.

Wissenswert! Die schönen Falter halten sich vorwiegend in den Baumwipfeln auf. Vor allem morgens sind die Männchen aber auch auf Waldwegen zu beobachten, wo sie an Pfützen oder Exkrementen saugen. Sie lassen sich durch stark riechenden Käse leicht anlocken. Die Weibchen legen ihre Eier einzeln auf der Oberseite von Weidenblättern (meist von Sal-Weiden), gelegentlich auch an Pappeln ab. Die Raupe ruht auf der Mittelrippe des Blattes und befrisst dieses von den Rändern her. Zur Überwinterung spinnt sie ein Sitzpolster in einer Zweiggabel oder neben einer Knospe und schmiegt sich eng an den Zweig an. Die in diesem Stadium braun oder grün gefärbte, etwa 5 mm lange Raupe bleibt dort bis zum Frühjahr unbeweglich sitzen. Erst mit dem Austreiben der Blätter wird sie wieder mobil und wächst bis Anfang Juni heran. Sie häutet sich, meist an der Unterseite eines Blatts, zu einer weißlich grünen, am Rücken scharf gekielten Puppe (rechtes kleines Bild). §

Kleiner Schillerfalter

Apatura ilia · Familie Edelfalter

Sehr ähnlich dem Großen Schillerfalter, aber auf dem Vorderflügel mit einem hell umrandeten, schwarzen Punkt. 🦋 Mai–Jul

Grundfärbung der Flügeloberseite oft mittelbraun, dann die helle Zeichnung überwiegend rötlich gelb (gr. Bild). Das ♂ dieser als „Rotschiller" bezeichneten Farbvariante erscheint im Flug violettrot. Spannweite 50–60 mm. **Raupe** ebenfalls sehr ähnlich der der anderen Art; Kopfhörner an der Spitze deutlich zweizipfelig (bei *A. iris* nur leicht eingekerbt), unterseits meist dunkel gestreift (bei *A. iris* nicht gestreift).

Vorkommen Wie der Große Schillerfalter, doch deutlich wärmebedürftiger; fehlt im nördlichen D.

Wissenswert! Obwohl beide Schillerfalter zusammen vorkommen können, sind die Ansprüche ihrer Raupen sehr verschieden. Die Raupe des K. S. entwickelt sich meist an Zitter-Pappeln, seltener an anderen Pappeln oder an der Sal-Weide. Man findet sie in erster Linie an warm und sonnig stehenden Sträuchern und Bäumen, vor allem an solchen, die von der Nachmittagssonne beschienen werden. Zur Winterruhe sucht sie sich meist einen Platz neben einer Knospe kurz vor der Zweigspitze. Sie ist zu diesem Zeitpunkt dunkel rotbraun gefärbt und hierdurch hervorragend an die Farbe der Pappelknospen angepasst. §

Links: überwinternde Raupe; rechts: erwachsene Raupe

Großer Schillerfalter

Kleiner Schillerfalter

Kaisermantel

Argynnis paphia · Familie Edelfalter

Flügeloberseite orangebraun mit schwarzbraunen Flecken und Streifen, beim ♂ die 4 hinteren Längsadern der Vorderflügel mit breiten, dunklen Duftschuppenstreifen. Jun–Sep

Unterseite der Hinterflügel grünlich mit silbrig weißen, nach hinten verschmälerten Längsstreifen; ♀ außer in der normalen, dem ♂ ähnlichen Form gelegentlich auch mit graubrauner, grünlich getönter Flügeloberseite (forma *valesina*). Spannweite 55–65 mm.

Raupe graubraun mit gelben Längslinien und zahlreichen gelben Dornen, hinter dem Kopf 2 verlängerte, nach vorn ragende schwarze Dornen.

Vorkommen An Waldrändern, Waldwegen und auf Waldlichtungen; ziemlich häufig, vor allem in den unteren und mittleren Lagen der Mittelgebirge.

Wissenswert! Der Kaisermantel ist ein eifriger Blütenbesucher, der sich an besonders attraktiven Saugpflanzen wie Disteln oder Bärenklau nicht selten zu mehreren auf einem Blütenstand einfindet. Bei der Balz fliegt das Männchen unter einem Weibchen hindurch und sendet dabei wohl Lockstoff aus seinen Duftschuppen aus. Das Weibchen landet daraufhin und streckt dem neben ihm landenden Männchen seinen Hinterleib mit ausgestülpten, ebenfalls Lockstoff abgebenden Drüsensäcken zur Paarung entgegen.

Raupennährpflanzen sind diverse Veilchen-Arten, besonders das Wald-Veilchen. Die Eiablage erfolgt nicht an die Futterpflanze, sondern in deren Nähe einzeln an Baumrinde. Die Raupe schlüpft im Spätsommer und geht ohne Nahrungsaufnahme in die Winterruhe. Erst im Frühjahr beginnt sie zu fressen. §

Großer Perlmuttfalter

Speyeria aglaja · Familie Edelfalter

In Größe und Färbung der Flügeloberseite an den Kaisermantel erinnernd, aber ♂ mit ganz schmalen, unauffälligen Duftschuppenstreifen auf den Vorderflügeln. Jun–Aug

Unterseite der Hinterflügel mit runden, weißlichen Silberflecken; Spannweite 50–55 mm.

Vorkommen In ähnlichen Lebensräumen wie der Kaisermantel, daneben aber auch in offenem Gelände, z. B. auf Feuchtwiesen und blütenreichen Trockenrasen; im Allgemeinen nicht selten.

Wissenswert! Die zunächst graue, später schwarze Raupe trägt zahlreiche schwarze Dornen und eine Reihe roter Seitenflecke. Sie entwickelt sich an verschiedenen Veilchen-Arten. Sie schlüpft im Sommer aus dem Ei und überwintert noch sehr klein am Boden. Erst im nächsten Frühjahr beginnt sie zu fressen und zu wachsen. Da sie eine nachtaktive Lebensweise führt, ist sie außerordentlich schwer zu finden. Die Verpuppung findet knapp über dem Boden in einem für einen Tagfalter ungewöhnlich dichten Gespinst statt. §

Ähnlich Der **Kardinal** *Argynnis pandora* wird mit 60–70 mm Flügelspannweite noch etwas größer als der Kaisermantel und hat wie dieser silbrige Längsstreifen auf der grünlichen Hinterflügelunterseite, die aber viel schwächer entwickelt sind. Sein Vorkommen beschränkt sich auf das südliche Europa.

Oberseite *Unterseite*

Kaisermantel beim Blütenbesuch (links) und bei der Paarung (rechts)

Großer Perlmuttfalter

Kleiner Perlmuttfalter

Issoria lathonia · Familie Edelfalter

Flügeloberseite mit ziemlich regelmäßig verteilten rundlichen, dunklen Flecken; Unterseite der Hinterflügel mit auffallend großen, rundlichen Silberflecken. ♂♀ Apr–Okt

Spannweite um 35–45 mm. **Raupe** schwarz mit unterbrochener heller Doppellängsbinde in der Rückenmitte und weißlichen, auf hellbraunen Höckern stehenden Dornen.

Vorkommen Auf Trockenwiesen, an Wegrändern, auf Ödland und Stoppeläckern; gebietsweise nicht selten; früher einer der häufigsten Tagfalter, doch heute in den meisten Gegenden stark zurückgegangen.

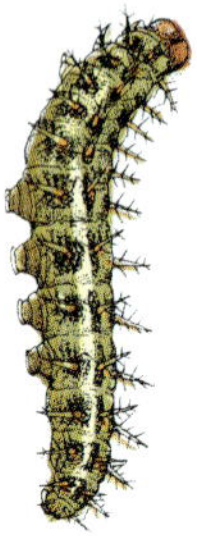

Wissenswert! Die Männchen setzen sich gern an offenen Bodenstellen ab und fliegen andere Schmetterlinge an, die in ihr Revier eindringen. Die Falter besuchen besonders gern die Blüten von Flockenblumen. Die Raupen entwickeln sich an Veilchen- und Stiefmütterchen-Arten, vorzugsweise am Acker-Stiefmütterchen. Die Eier werden vom Weibchen einzeln an der Blattunterseite abgelegt.

Die mitteleuropäischen Populationen des K. P. werden von Zeit zu Zeit durch Zuwanderung einzelner Falter aus S-EU aufgefrischt. Hierdurch und auch durch den Umstand, dass vor allem im Spätsommer immer frisch aussehende Falter und Exemplare mit stark abgeflogenen Flügeln nebeneinander auftreten, ist eine exakte Angabe der Generationenabfolge kaum möglich. Es scheint, dass bei uns nacheinander 3–4 Generationen im Jahr auftreten können. Neben Raupen und Puppen vermögen offenbar auch fertig entwickelte Falter zu überwintern, nördlich der Alpen allerdings nur selten.

Mädesüß-Perlmuttfalter

Brenthis ino · Familie Edelfalter

Vorderflügel mit einer Reihe runder, schwarzer Flecke parallel zum Flügelrand, davon der mittlere meist kleiner. ♂♀ Jun–Jul

Unterseite der Hinterflügel ohne Silberflecke, aber mit schmalem, violettem Streifen. Spannweite 32–40 mm. **Raupe** grau mit hellen Längsstreifen.

Vorkommen Auf Feuchtwiesen und in feuchten Wäldern, vereinzelt auf Trockenrasen; ziemlich selten.

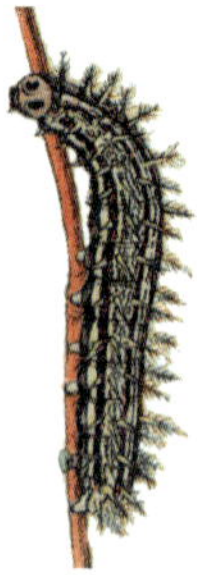

Wissenswert! Die Raupe entwickelt sich meist am Mädesüß. Sie überwintert halbwüchsig und nimmt ab Mai wieder Nahrung auf. Meist frisst sie nachts und hält sich tagsüber an der Blattunterseite verborgen.

Silberfleck-Perlmuttfalter

Boloria euphrosyne · Familie Edelfalter

Spannweite 32–40 mm; an der Flügeloberseite kaum von anderen Perlmuttfaltern zu unterscheiden. ♂♀ Apr–Sep

Unterseite des Hinterflügels mit ziegelroter Grundfärbung, nahe der Flügelbasis ein kleiner, schwarzer, gelb umrandeter Punkt, etwa in der Mitte eine blassgelbe, gezackte Binde, die einen scharf abgesetzten, weißen Silberfleck einschließt.

Vorkommen An Waldrändern, an Waldwegen und auf Lichtungen, daneben auch auf trockenen oder feuchten Wiesen; in manchen Gegenden noch häufig, doch fast überall deutlich zurückgehend.

Wissenswert! Die fast schwarze, an den Seiten hell gestreifte Raupe frisst an verschiedenen Veilchen-Arten. Sie überwintert meist halbwüchsig, kann sich in günstigen Jahren aber auch weiter entwickeln und dann im Spätsommer eine 2. Faltergeneration ergeben. In höheren Lagen fliegt aber stets nur 1 Generation. §

Kleiner Perlmuttfalter

Mädesüß-Perlmuttfalter

Silberfleck-Perlmuttfalter

Braunfleckiger Perlmuttfalter *Boloria selene* · Familie Edelfalter

Ähnlich dem Silberfleck-Perlmuttfalter (⇨ S. 160), Hinterflügel unterseits aber nicht so ausgedehnt ziegelrot. 🦋 Jun–Sep

Schwarzer Punkt an der Hinterflügelbasis größer und gelbe Binde mit 3 weniger scharf kontrastierenden Silberflecken. Spannweite 28–38 mm. **Raupe** dunkelgrau mit helleren Zeichnungen.

Vorkommen Vorzugsweise auf Sumpf- und Moorwiesen, auch in feuchten Wäldern und auf Trockenwiesen; im Bergland und im Alpenvorland noch ziemlich häufig, sonst gebietsweise bereits recht selten geworden.

Wissenswert! Die Falter fliegen meist in 2 Generationen pro Jahr. Ihre Raupen leben an verschiedenen Veilchen-Arten. §

Hochmoor-Perlmuttfalter

Boloria aquilonaris · Familie Edelfalter

Vorderflügel unterseits kontrastreich dunkel gefleckt. 🦋 Jun–Jul

Hinterflügel mit braunroter Grundfärbung, zum Außenrand hin meist violett getönt und in der Mitte mit scharf abgesetzter, weißer, z. T. gelblicher Zackenbinde. Spannweite 30–35 mm.

Vorkommen Nur in Hochmoorgebieten; in letzter Zeit überall stark zurückgegangen und aus vielen Gegenden bereits vollständig verschwunden.

Wissenswert! Die Raupe entwickelt sich an der Gewöhnlichen und der Kleinfrüchtigen Moosbeere. Die Falter legen ihre Eier meist in ehemaligen Torfstichbereichen mit üppigen Rasen der Futterpflanzen ab. Die Raupen fressen tagsüber und verbergen sich bei ungünstiger Witterung in den Torfmoosrasen. Manchmal entfernen sich die Falter recht weit von den Entwicklungsorten, sie besuchen oft Blüten auf Feuchtwiesen am Rand der Moore. §

Natterwurz-Perlmuttfalter

Boloria titania · Familie Edelfalter

Flügeloberseite mit breiterer dunkler Zeichnung als bei den meisten übrigen Perlmuttfaltern. 🦋 Jun–Aug

Unterseite der Hinterflügel mit einer Reihe nach innen gerichteter Pfeile oder Dreiecke, die eine davorliegende Reihe dunkler Punkte oder Kreise fast berühren, sodass der Eindruck von kleinen „Halma-Männchen" entsteht. Spannweite 30–35 mm.

Vorkommen Auf Feuchtwiesen in Waldnähe; in den Alpen, im Alpenvorland und im Schwarzwald von mittleren Höhen bis etwa zur Waldgrenze; überall ziemlich selten.

Wissenswert! Die schwarze, mit kontrastreich gelb abgesetzten Dornen bestückte Raupe entwickelt sich am Schlangen-Knöterich, der vielfach auch als Natterwurz bezeichnet wird. Da an einigen Fundorten des Falters diese Pflanze aber fehlt, könnten auch die in der älteren Literatur mehrfach genannten Veilchen als Raupennahrung dienen. §

Randring-Perlmuttfalter

Boloria eunomia · Familie Edelfalter

♂ oberseits ähnlich den meisten übrigen Perlmuttfaltern, ♀ viel dunkler gezeichnet. 🦋 Mai–Jul

Auf der Unterseite der Hinterflügel parallel zum Außenrand dunkle Ringflecke; Spannweite 28–40 mm. **Raupe** graubraun, mit Dornen.

Vorkommen Auf Feuchtwiesen und in Niedermooren; in M.-EU inselartig z. B. im Schwarzwald und im Alpenvorland, aber überall selten.

Wissenswert! Die Raupe entwickelt sich am Schlangen-Knöterich. Bereits im Spätsommer sucht sie ein Winterquartier auf. Die Art kommt manchmal mit extrem kleinen Beständen ihrer Futterpflanze aus. Sie reagiert aber sehr empfindlich auf Veränderungen am Standort. §

Braunfleckiger Perlmuttfalter

Hochmoor-Perlmuttfalter

Natterwurz-Perlmuttfalter

Randring-Perlmuttfalter

Roter Scheckenfalter
Melitaea didyma · Familie Edelfalter

Geschlechter deutlich verschieden gefärbt. Flügel beim ♂ (linkes großes Foto) in frischem Zustand feurig rotorange. Ƹ̵̡Ӝ̵̨̄Ʒ Jun–Aug

♀ meist mit mehr oder weniger stark graubraun verdunkelten Vorderflügeln. Unterseite der Hinterflügel mit cremeweißer Grundfärbung und 2 orangefarbenen Zackenbinden; Spannweite 30–40 mm. **Raupe** mit ähnlichem Farbmuster wie die Unterseite der Hinterflügel beim Falter.

Vorkommen An ausgesprochen trockenwarmen, offenen Stellen, in Felssteppen und auf Trockenrasen ebenso wie in vegetationsarmen Sandgebieten; in S-EU und im südlichen M.-EU gebietsweise nicht selten, im nördlichen D fehlend.

Wissenswert! Dieser kaum verwechselbare, schöne Scheckenfalter fliegt in M.-EU in einer langgezogenen Generation, im Mittelmeergebiet in 2–3 Generationen pro Jahr. Die sehr unterschiedliche Färbung der Weibchen hängt offensichtlich mit den klimatischen Faktoren am jeweiligen Fundort zusammen.

Die farbenprächtige Raupe entwickelt sich an recht verschiedenen Pflanzen, mit besonderer Vorliebe aber am Gewöhnlichen Leinkraut und am Aufrechten Ziest. Sie überwintert in einem Gespinst an einer Pflanze und verpuppt sich im darauf folgenden Frühsommer an dürren Stängeln oder Steinen. Die Puppe (rechtes kleines Foto) zeigt ein ähnliches Farbmuster wie die Raupe. §

Wachtelweizen-Scheckenfalter *Melitaea athalia* · Familie Edelfalter

Grundfärbung orange mit sehr variabler dunkler Zeichnung. Ƹ̵̡Ӝ̵̨̄Ʒ Mai–Aug

Spannweite 25–38 mm. **Raupe** grau und weiß gesprenkelt mit gelben Dornen.

Vorkommen Auf feuchten und trockenen Wiesen früher überall häufig, inzwischen vielerorts selten.

Wissenswert! Die Raupe entwickelt sich an Wiesen-Wachtelweizen, Spitz-Wegerich und einigen weiteren Pflanzen. Meist bildet die Art 1, gelegentlich auch 2 Generationen im Jahr aus. §

Ähnlich Die Art kann nur nach mikroskopischen Merkmalen mit letzter Sicherheit von einigen sehr ähnlichen, aber selteneren Scheckenfaltern unterschieden werden.

Wegerich-Scheckenfalter
Melitaea cinxia · Familie Edelfalter

Oberseite der Hinterflügel vor dem Außenrand mit orangefarbener Binde, in der schwarze Punkte liegen. Ƹ̵̡Ӝ̵̨̄Ʒ Mai–Jul

Spannweite 33–40 mm. **Raupe** beinahe ganz schwarz, mit leuchtend rotem Kopf.

Vorkommen Meist in trockenen, offenen Lebensräumen, z. B. auf Trockenrasen, an Waldrändern und in Streuobstwiesen, auch auf Feuchtwiesen; früher einer der häufigsten Scheckenfalter, fast überall selten.

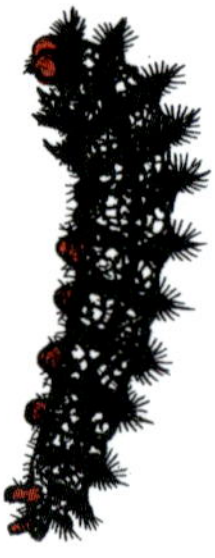

Wissenswert! Die Raupe entwickelt sich meist an Wegerich-Arten, geht aber auch an andere Pflanzen. Gewöhnlich fliegen die Falter in 1 Generation, bei günstigem Witterungsverlauf teilweise auch in 2 Generationen pro Jahr. §

Roter Scheckenfalter Männchen (links) und Falter bei der Paarung (rechts)

Wachtelweizen-Scheckenfalter

Wegerich-Scheckenfalter

Maivogel

Euphydryas maturna · Familie Edelfalter

Flügel oberseits schwarz-orange und zusätzlich in verschiedenen Gelbtönen gescheckt. Mai–Jun

Vorderflügel beim ♂ (Bild) mit deutlich schmälerem Umriss als beim ♀. Spannweite 35–42 mm. **Raupe** lebhaft schwarz-gelb gescheckt.

Vorkommen In etwas feuchten, lichten Wäldern mit größeren Beständen jüngerer Eschen; in M.-EU überall sehr selten geworden.

Wissenswert! Die Raupen entwickeln sich zunächst gesellig in dichten Gespinsten an Eschenzweigen. Nach der Überwinterung, die am Boden stattfindet, vereinzeln sie sich und fressen jetzt an verschiedenen niedrigen Pflanzen. Die Art zeigt an den wenigen verbliebenen Fundorten von Jahr zu Jahr ausgeprägte Häufigkeitsschwankungen. §

Goldener Scheckenfalter

Euphydryas aurinia · Familie Edelfalter

Sehr ähnlich dem Maivogel, doch ♂ mit deutlich breiter geformtem Vorderflügel. Mai–Jul

Hinterflügel in der orangefarbenen Binde mit schwarzen Punkten (die beim Maivogel fehlen). Spannweite 35–38 mm. Die alpine Unterart *E. aurinia debilis* ist kleiner und sehr blass gefärbt.

Vorkommen Zum einen auf Feuchtwiesen im Randbereich von Mooren, zum andern auf blütenreichen Trockenrasen, außerdem auf alpinen Matten in den Hochlagen der Alpen. In M.-EU weit verbreitet, aber an den außeralpinen Fundorten stark zurückgegangen und vielerorts verschwunden.

Wissenswert! Die kontrastreich schwarz-weiß gezeichnete Raupe entwickelt sich auf Feuchtwiesen am Teufelsabbiss, an Trockenstandorten an Skabiosen, die der alpinen Unterart an Enzian-Arten. Die Jungraupen leben in einem gemeinsamen Gespinst, in dem sie auch überwintern. §

Veilchen-Scheckenfalter

Euphydryas cynthia · Familie Edelfalter

♂ (linkes Tier im großen Bild) durch die weißen Zeichnungen in den orange-schwarz gescheckten Flügeln unverkennbar. Jun–Jul

♀ (rechtes Tier im gr. Bild) sehr ähnlich dem des Goldenen Scheckenfalters, jedoch Punkte in der orangefarbenen Binde der Flügelunterseite ohne hellen Hof (dieser bei *E. aurinia* deutlich erkennbar). Spannweite 35–40 mm. **Raupe** schwarz, jedes Segment mit gelbem Ring und 2 gelben Punkten.

Vorkommen Auf alpinen Matten, meist oberhalb der Waldgrenze (bis in etwa 3000 m Höhe); überall ziemlich selten, doch in manchen Jahren örtlich auch zahlreich.

Wissenswert! Der Falter fliegt meist dicht über dem Boden und besucht vorzugsweise verschiedene alpine Polsterpflanzen. Bei kühlerer, sonniger Witterung setzt er sich zum Sonnen oft auf Steine oder, wie im Bild, auf getrocknete Kuhfladen. Die Raupe entwickelt sich vorzugsweise am Alpen-Wegerich oder am Langspornigen Veilchen. Die Jungraupen fressen zunächst in einem gemeinsamen Gespinst an der Futterpflanze und überwintern darin ein erstes Mal. Im nächsten Jahr entwickeln sie sich weiter und halten dann ein zweites Mal Winterruhe. Erst im folgenden Juni findet, meist an einem Stein, die Verpuppung statt (rechtes kleines Foto). Die Art neigt in manchen Jahren zur Massenvermehrung, in deren Folge die Population meist fast völlig zusammenbricht. §

Maivogel

Goldener Scheckenfalter

Veilchen-Scheckenfalter Männchen (links) und Weibchen (rechts) auf altem Kuhfladen

Großer Kohlweißling

Pieris brassicae · Familie Weißlinge

Vorderflügel oberseits mit ausgedehntem, schwarzem Spitzenfleck, beim ♀ zusätzlich mit 2 großen, schwarzen Punkten. Apr–Okt

Spannweite 50–65 mm. **Raupe** gelbgrün mit dichtem, schwarzem Punktmuster.

Vorkommen Vorwiegend in Gärten und sonstigen kultivierten Flächen, besonders auf Kohlfeldern, seltener auf Wiesen und Trockenrasen; früher überall sehr häufig, in letzter Zeit seltener geworden.

Wissenswert! Die Raupen entwickeln sich meist an verschiedenen Kohlsorten, doch ebenso an wild wachsenden Kreuzblütengewächsen, oft auch an der Kapuzinerkresse. Die Falter fliegen bei uns meist in 3 Generationen pro Jahr. Während die Frühlingsfalter nur kleine Gelege produzieren, heften die im Sommer fliegenden Tiere manchmal mehrere 100 Eier an die Blattunterseiten der Futterpflanzen. So besiedeln die Raupen der Sommergenerationen die Pflanzen meist in dichten Scharen. Zur Verpuppung wandern sie oft an Gebäuden empor und verwandeln sich in weißliche, schwarz gepunktete Gürtelpuppen, die auch überwintern. In der Regel ist allerdings ein Großteil der Raupen von Larven der Erzwespe *Apanteles glomeratus* befallen. Diese verlassen ihren sterbenden Wirt kurz vor dessen Verpuppung und spinnen daneben längliche, gelbe Kokons, die im Volksmund fälschlich als „Raupeneier" bezeichnet werden. Die Puppen werden oft von der Schlupfwespe *Pteromalus puparum* angestochen und mit Eiern belegt. Beide Parasiten sorgen dafür, dass die Frühjahrsgeneration des G. K. in nur geringer Individuenzahl schlüpft.

♂

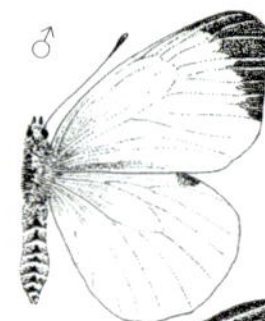

♀

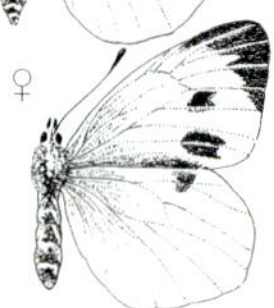

Kleiner Kohlweißling

Pieris rapae · Familie Weißlinge

Sehr ähnlich dem Großen Kohlweißling, doch dunkler Spitzenfleck der Vorderflügel kleiner. Mai–Okt

♂ (großes Bild) meist mit 1 schwarzen Punkt auf den Vorderflügeln (♀ wie beim Großen Kohlweißling dort mit 2 Punkten). Spannweite 40–50 mm. **Raupe** grün mit schwachem, hellem Seitenstreifen.

Vorkommen In offenem Gelände jeglicher Art; einer der häufigsten Tagfalter.

Wissenswert! Das Weibchen des K. K. legt seine Eier stets einzeln an den Futterpflanzen, meist Kohl und anderen Kreuzblütengewächsen, aber auch Kapuzinerkresse und Resede, ab. Die Raupe lebt daher einzeln. Die Art kann im Jahr 2–4 Generationen ausbilden.

Grünaderweißling

Pieris napi · Familie Weißlinge

Flügeloberseite ähnlich wie beim Kleinen Kohlweißling, Unterseite der Hinterflügel aber mit grün bestäubten Adern. Mai–Sep

Spannweite etwa 35–45 mm. **Raupe** grün mit gelblichen Ringen um die Atemöffnungen.

Vorkommen Vorwiegend in lichten Wäldern, an Waldrändern sowie in Parks und Gärten; fast überall häufig.

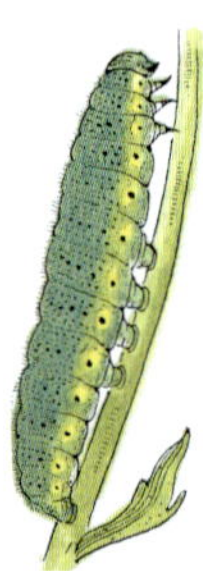

Wissenswert! Die Raupe entwickelt sich nur selten an Kohl; sie bevorzugt wild lebende Kreuzblütengewächse. Daher tritt sie auch kaum einmal schädlich in Erscheinung. Die Falter fliegen jährlich in mehreren Generationen und treten vor allem im Herbst zahlreich auf.

Großer Kohlweißling Falter (links) und Raupen (rechts)

Kleiner Kohlweißling

Grünaderweißling

Aurorafalter

Anthocaris cardamines · Familie Weißlinge

Spitze der Vorderflügel beim ♂ (linkes Foto) ober- wie unterseits mit einem großen, orangefarbenen Fleck, der dem ♀ (rechtes Foto) fehlt. Mär–Jul

Unterseite der Hinterflügel mit olivgrüner Marmorierung. Spannweite 35–45 mm. **Raupe** oberseits blaugrün, mit oben unscharf begrenztem weißlichem Seitenstreifen, darunter dunkelgrün.

Vorkommen Auf Feuchtwiesen, an blütenreichen Waldrändern und in lichten, etwas feuchten Wäldern; ziemlich häufig, gebietsweise aber deutlich zurückgehend.

Wissenswert! Die Raupe entwickelt sich vorzugsweise am Wiesen-Schaumkraut und an der Knoblauchrauke, aber auch an anderen Kreuzblütengewächsen. Das Weibchen legt seine länglich ovalen Eier ausschließlich an blühenden Pflanzen ab, und zwar immer am Blütenstiel etwa 5 mm vor der Blüte. Die Raupe ernährt sich von den heranreifenden Früchten; nur in der größten Not geht sie auch an junge Blätter ihrer Futterpflanze. Zur Verpuppung befestigt sie sich an Pflanzenstängeln, oft an der Futterpflanze. Die auffallend schmale Gürtelpuppe besitzt eine sehr markante Form: Ihre Kopfspitze ist in einen langen, schmalen Zipfel ausgezogen, der ganze Rücken gleichmäßig konkav eingebogen. Hierdurch erinnert sie sehr an einen Pflanzendorn oder einen abgebrochenen Seitentrieb. Sie überwintert und ist aufgrund ihrer meist hellbraunen Färbung in der verdorrten Vegetation nur sehr schwer zu entdecken. Der Verpuppungsort liegt stets dicht über dem Erdboden, um ein Austrocknen während der beinahe zehnmonatigen Puppenruhe zu verhindern.

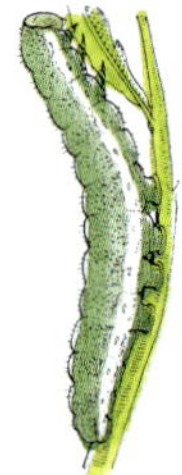

Resedafalter

Pontia daplidice · Familie Weißlinge

Vorderflügel oberseits mit weiß geflecktem schwarzem Spitzensaum, Hinterflügel unterseits olivgrün gefleckt. Apr–Jul in 2 Generationen.

Spannweite 35–45 mm. **Raupe** blaugrau getönt, mit 4 gelbweißen Längsbinden und zahlreichen schwarzen Punkten.

Vorkommen An offenen, warmen Stellen; im Mittelmeergebiet ziemlich verbreitet, nördlich der Alpen nur ganz vereinzelt.

Wissenswert! Der Resedafalter flog in früheren Zeiten häufiger als Wanderfalter aus S-EU nach M.-EU ein. In den letzten Jahren sind derartige Einflüge aber offenbar stark zurückgegangen. Die Raupe entwickelt sich meist an Reseda-Arten.

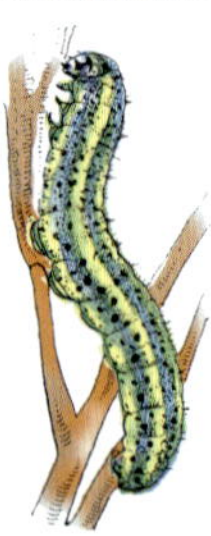

Tintenfleckweißling

Leptidea sinapis · Familie Weißlinge

Auffallend zierlicher Weißling; ♂ mit grauem Fleck vor der Spitze des Vorderflügels. Apr–Sep

Fleck beim ♀ meist nur undeutlich ausgeprägt. Spannweite 30–40 mm.

Vorkommen An Waldrändern, in lichten Wäldern, an Wegsäumen und auf Wiesen; in den meisten Gegenden nicht selten.

Wissenswert! Die Art wird oft als „Senfweißling" bezeichnet, entwickelt sich aber niemals an Kreuzblütengewächsen wie dem Senf; seine hellgrüne, mit gelblichen Seitenstreifen gezeichnete Raupe frisst ausschließlich an Schmetterlingsblütengewächsen, v. a. an der Wiesen-Platterbse. Bei der Balz sitzt das Männchen dicht vor dem Weibchen, bewegt den Kopf hin und her und umkreist mit dem ausgefahrenen Rüssel den Kopf der Partnerin. Ist sie noch unverpaart, krümmt sie ihre Hinterleibsspitze dem Männchen entgegen und erlaubt die Begattung. §

Aurorafalter Männchen (links) und Weibchen (rechts)

Resedafalter

Tintenfleckweißling

Baumweißling

Aporia crataegi · Familie Weißlinge

Flügel weiß mit deutlich hervortretendem, weißem Adernetz; hierdurch und durch die Größe sehr an den Schwarzen Apollo (⇨ S. 178) erinnernd. 🦋 Mai–Jul

Spannweite 50–65 mm. **Raupe** als einzige heimische Weißlingsraupe stark behaart, glänzend schwarz mit gelblichen oder braunen Längsstreifen.

Vorkommen Vorwiegend in offenem Gelände mit lockerem Baum- oder Strauchbestand; meist in trockenwarmen Lagen, doch auch auf Feuchtwiesen am Rand von Mooren; gebietsweise und jahrweise in sehr unterschiedlicher Häufigkeit.

Wissenswert! Die Raupen entwickeln sich an verschiedenen Gehölzen aus der Familie der Rosengewächse, z. B. an Weißdorn, Schlehen, Rosen, Ebereschen und diversen Obstbäumen. Sie überwintern als Jungraupen an der Futterpflanze in einem gemeinsamen Gespinst, das sie im Mai verlassen. Während die Art aus vielen Gegenden fast völlig verschwunden ist, neigt sie in anderen Regionen, z. B. in der Oberrheinischen Tiefebene, in manchen Jahren zu außerordentlichen Massenvermehrungen, bei denen in Obstkulturen durchaus Schäden entstehen können. So kam es beispielsweise von 1977–1986 entlang der Autobahn zwischen Mannheim und Heidelberg zu einer derartigen Vermehrung, dass die zu den Rosengewächsen zählenden Sträucher in diesem Gebiet weitgehend kahl gefressen wurden. Alle anderen Gehölze blieben dagegen verschont. Der Zusammenbruch der Population erfolgte Ende der achtziger Jahre des vorigen Jahrhunderts, als Spritzaktionen gegen den gleichzeitig im Gebiet auftretenden Goldafter (⇨ S. 78) durchgeführt wurden. §

Zitronenfalter

Gonepteryx rhamni · Familie Weißlinge

Flügel beim ♂ einheitlich gelb (großes Foto), beim ♀ grünlich weiß, ohne dunkle Zeichnung. 🦋 Ganzjährig.

Spannweite 50–55 mm. **Raupe** grün mit weißlichem, nach oben unscharf begrenztem Seitenstreifen.

Vorkommen In lichten Wäldern, an Waldrändern und in etwas verbuschtem, offenem Gelände; fast überall häufig.

Wissenswert! Die Falter verbringen eine mehrmonatige Winterruhe frei in der Vegetation, wo sie dicht über dem Boden an einem Pflanzenstängel hängen. Nach der Überwinterung legen die Weibchen die Eier in kleinen Gruppen an die Blätter von Faulbaum oder Purgier-Kreuzdorn ab. Die Raupe befrisst das Blatt von den Rändern her und ruht sich auf der Mittelrippe aus. Durch ihre Färbung ist sie hier hervorragend getarnt. Die grüne Gürtelpuppe findet sich später an Blattunterseiten oder Zweigen der Futterpflanze.

Ähnlich **Kleopatrafalter** *Gonepteryx cleopatra*, ♂ mit großem orangefarbenem Fleck auf der Oberseite der Vorderflügel; im Mittelmeergebiet ziemlich häufig.

Baumweißling

Zitronenfalter

Hochmoorgelbling

Colias palaeno · Familie Weißlinge

Flügeloberseite beim ♂ grünlich gelb, beim ♀ weißlich gelb, jeweils mit einheitlich schwarzbrauner Randbinde. 🦋 Jun–Aug

Spannweite 40–50 mm. **Raupe** grün, an den Seiten gelb gestreift.

Vorkommen Auf Hochmooren und Feuchtwiesen; selten, fast nur noch in den Alpen und im Alpenvorland.

Wissenswert! Der Falter legt seine Eier ausschließlich auf den Blättern der Rauschbeere ab. Die Raupe befrisst zunächst die Blattoberseite mit einem Schabefraß und lässt sich beim herbstlichen Laubfall mit dem Blatt zu Boden fallen, wo sie überwintert. Im Frühjahr besteigt sie erneut die Futterpflanze. §

Hufeisenklee-Gelbling

Colias alfacariensis · Familie Weißlinge

♂ oberseits leuchtend gelb gefärbt, das ♀ gelblich weiß; beide mit hellen Flecken in dunkler Randbinde. 🦋 Apr–Okt

Spannweite 35–45 mm. **Raupe** sehr bunt gezeichnet. Die „Zwillingsart" **Goldene Acht** *Colias hyale* ist kaum vom H. zu unterscheiden.

Vorkommen Vorwiegend an warmen, offenen Stellen auf Kalkboden; im südl. M.-EU ziemlich häufig, nach N hin seltener; breitet sich weiter aus.

Wissenswert! Die Raupe entwickelt sich an Hufeisenklee und Bunter Kronwicke. §

Postillon

Colias croceus · Familie Weißlinge

Beide Geschlechter zumeist mit leuchtend orange getönter Flügeloberseite. 🦋 Apr–Okt

♂ mit einheitlich dunkler, ♀ mit hell gefleckter Randbinde. Spannweite 35–50 mm. **Raupe** grün mit weißlicher, rot gefleckter Seitenbinde.

Vorkommen Vor allem auf kultivierten Flächen, etwa auf Kleeäckern und Wiesen; in M.-EU in jahrweise sehr unterschiedlicher Häufigkeit.

Wissenswert! Dieser im Mittelmeergebiet heimische Wanderfalter taucht immer wieder in M.-EU auf und bringt hier dann z. T. mehrere Nachfolgegenerationen hervor. Die Raupe entwickelt sich an verschiedenen Schmetterlingsblütengewächsen. §

Alpengelbling

Colias phicomone · Familie Weißlinge

Flügeloberseite grünlich gelb oder weißlich mit verwaschenen, grauen Zeichnungen, insgesamt aber sehr variabel. 🦋 Jun–Sep

Randbinde grau, nur unscharf abgesetzt. Spannweite 35–45 mm.

Vorkommen Auf Bergwiesen und Almen; in M.-EU nur in den Alpen, hier von 1000 m bis über die Waldgrenze ziemlich häufig.

Wissenswert! Die grüne, an den Flanken hell gestreifte Raupe lebt an Schmetterlingsblütengewächsen. Man kann sie bis in Höhen von etwa 2300 m antreffen. Sie überwintert nach der 2. Häutung, eingesponnen an einem Blatt der Futterpflanze. Die grüne, seitlich gelb gestreifte Gürtelpuppe ist ausgangs des Frühjahrs an Steinen oder Pflanzenstängeln zu finden. In Jahren mit günstigem Witterungsverlauf kann es zu einer partiellen 2. Generation von Faltern kommen. Im Gegensatz zum Postillon ist der A. sehr standorttreu. §

Hochmoorgelbling

Hufeisenklee-Gelbling

Postillon

Alpengelbling bei der Paarung

Schwalbenschwanz

Papilio machaon · Familie Ritterfalter

Flügel gelb mit dunklem Fleckenmuster, das keine deutlichen Binden bildet. Apr–Sep

Spannweite 50–70 mm. **Raupe** in den ersten Stadien schwärzlich mit weißer Körpermitte (hierdurch an Vogelkot erinnernd), später leuchtend grün gefärbt mit schwarzen, gelbrot gefleckten Ringen jeweils in der Mitte der einzelnen Rumpfsegmente.
Vorkommen An Waldrändern, in Gärten und offenem Gelände; im südlichen M.-EU ziemlich häufig, nach N hin seltener.
Wissenswert! Die Raupe entwickelt sich an verschiedenen Doldenblütlern, vor allem an Möhren, Dill und Pastinak. Bei stärkerer Reizung stülpt sie hinter dem Kopf eine schlauchförmige, leuchtend gelbe Nackengabel aus, die einen intensiven, unangenehmen Geruch verströmt. Sie verpuppt sich an einem Pflanzenstängel oder Stein zu einer typischen, grünen oder graubraunen Gürtelpuppe (kl. Foto rechts). Diese stützt sich mit ihrer nach unten gerichteten Hinterleibsspitze in einem Gespinstpolster ab und wird durch einen um die Körpermitte geschlungenen Faden gehalten. Aus den Puppen der Frühjahrsgeneration entwickeln sich nach etwa zweiwöchiger Puppenruhe die Falter der 2. Jahresgeneration. Diese können in klimatisch begünstigten Gebieten noch eine 3. Faltergeneration hervorbringen; in den meisten Fällen aber überwintern die im Spätsommer gebildeten Puppen. §

Segelfalter

Iphiclides podalirius · Familie Ritterfalter

Flügel blasser gefärbt als beim Schwalbenschwanz; die dunklen Zeichnungen bilden ein Streifenmuster, das sich von den Vorderflügeln auf die Hinterflügel fortsetzt. Apr–Aug

Spannweite rund 50–70 mm. **Raupe** gelblich oder grün, mit schmalen, helleren Schrägstreifen, oben oft mit rotbraunen Flecken.
Vorkommen An warmen, sonnigen Stellen, vorzugsweise in Weinbaugebieten; in M.-EU ziemlich selten geworden und vielerorts bereits verschwunden, in S-EU noch häufig.
Wissenswert! Die Falter legen bei der Balz, wie übrigens auch die Schwalbenschwänze, ein typisches „Hilltopping"-Verhalten an den Tag: Sie sammeln sich manchmal in größerer Zahl an niedrigen Bergkuppen und umkreisen sich dort in wildem Flug. Zwischendurch ruhen sie sich an ganz bestimmten Ruheplätzen, meist an der Spitze besonnter Zweige, aus.

Die Raupe entwickelt sich an verschiedenen Sträuchern und Bäumen, in M.-EU meist an der Schlehe. Man findet sie bei uns aber fast nur an schlechtwüchsigen, niedrigen Krüppelschlehen, die über offenen, stark besonnten Bodenstellen wachsen. Nur dort erhalten sie die für ihre Entwicklung notwendige Wärme. Während die ausgewachsene Raupe in ihrer unauffälligen Ruhehaltung an den Zweigen schwer zu entdecken ist, sind die noch dunkel gefärbten Jungraupen leicht zu finden.
In klimatisch ungünstigeren Gebieten tritt die Art normalerweise nur in einer Generation pro Jahr auf, am Oberrhein und in anderen besonders warmen Gegenden entwickelt sich regelmäßig eine zweite Faltergeneration. Überwinterungsstadium ist die Puppe. §

Schwalbenschwanz

Segelfalter

Osterluzeifalter

Zerynthia polyxena · Familie Ritterfalter

Flügel ungeschwänzt, entlang dem Außenrand mit schwarzer Schleifenbinde; Vorderflügel, wenn überhaupt, nur nahe der Spitze mit roten Flecken. Apr–Mai

Spannweite 45–55 mm. **Raupe** silbergrau, mit 6 regelmäßigen Längsreihen orangefarbener, bestachelter Hautwarzen.

Vorkommen An warmen, offenen Stellen, z. B. auf Waldlichtungen und trockenem Ödland; im östl. Mittelmeergebiet weit verbreitet und gebietsweise nicht selten, nordwärts bis ins Burgenland und die Südalpen.

Wissenswert! Die Raupe entwickelt sich an verschiedenen Osterluzei-Arten, besonders an *Aristolochia clematitis* und *A. rotunda*. Sie frisst zunächst nur an den Blüten und verzehrt später auch die Blätter. Schließlich verpuppt sie sich zu einer schmalen, graubraunen Gürtelpuppe, bei der sich der Gürtel statt um die Körpermitte über 2 vorn an der Kopfspitze liegende Dornen zieht. Die Überwinterung erfolgt als Puppe. §

Ähnlich **Spanischer Osterluzeifalter** *Zerynthia rumina*, rote Flecke auch in der Basalhälfte der Vorderflügel; nur im westlichen Mittelmeergebiet. §

Schwarzer Apollo

Parnassius mnemosyne · Familie Ritterfalter

An einen großen Weißling, speziell den Baumweißling, erinnernd, im Unterschied zu diesem aber mit transparenten Flügelspitzen und einzelnen schwarzen Flecken. Mai–Jul

Spannweite 45–60 mm.

Vorkommen Im Bergland auf Waldlichtungen und Blumenwiesen; überall selten geworden.

Wissenswert! Die Raupe ähnelt sehr der des Roten Apollos (⇨ S. 180). Sie ernährt sich von Lerchensporn-Arten, insbesondere vom Hohlen Lerchensporn, einer typischen Waldpflanze. Da die Falter für ihre eigene Nektarversorgung sonnige, blütenreiche Wiesen benötigen, sich aber kaum von ihrem Entwicklungsort entfernen, kann die Art nur dort vorkommen, wo Blumenwiesen und Wälder mit üppigen Lerchenspornbeständen eng aneinandergrenzen.

Bei der Paarung heftet das Männchen dem Weibchen eine aus erhärtendem Sekret gebildete Tasche, die Sphragis (kleines Foto), an die Unterseite der Hinterleibsspitze. Durch dieses auffällige Begattungszeichen sind die bereits verpaarten Weibchen gut zu erkennen. Eine Sphragis kommt auch bei anderen Faltern vor, ist aber nur bei den *Parnassius*-Arten so auffällig. Da zur Zeit der Eiablage die Futterpflanze der Raupen vertrocknet ist, werden die Eier an den Wuchsorten des Lerchensporns an Pflanzenteile oder Steine geklebt, wo sie überwintern. Die Raupen entwickeln sich im Frühjahr sehr schnell und verpuppen sich – als einzige Tagfalterart – in einem festen Kokon. §

Osterluzeifalter

Schwarzer Apollo

Roter Apollo

Parnassius apollo · Familie Ritterfalter

Flügel weiß mit transparenten Spitzen, Hinterflügel oberseits meist mit 2, unterseits mit mehreren roten Augenflecken. Jun–Sep

Spannweite 65–75 mm. **Raupe** schwarz, jederseits mit leuchtend orangefarbener Punktreihe.

Vorkommen An trockenen, felsigen oder steinigen Stellen im Gebirge, meist unterhalb von 2000 m; vor allem in den Alpen, sehr selten auch in den Mittelgebirgen (in D im Moseltal sowie auf der Schwäbischen und Fränkischen Alb); vielerorts, insbesondere außerhalb der Alpen, vom Aussterben bedroht, in den Süd- und Zentralalpen dagegen gebietsweise aber noch ziemlich häufig.

Wissenswert! Die vorwiegend nachtaktive Raupe schlüpft im zeitigen Frühjahr aus dem überwinternden Ei. Sie ernährt sich bei uns ausschließlich von Blättern des Weißen Mauerpfeffers. Die weiß bereifte, dunkelbraune Puppe liegt in einem lockeren Gespinst am Boden.

Der starke Rückgang des auffallend schönen und daher schon immer sehr begehrten Falters ist weniger auf direkte Nachstellungen durch Sammler als vielmehr auf den starken Rückgang der Futterpflanze zurückzuführen. Der Mauerpfeffer wird leicht von anderen Pflanzen überwuchert und beginnt dann schnell zu kümmern. Die sehr standorttreuen Falter wandern in einem solchen Fall aber nicht zu anderen geeigneten Pflanzenstandorten, sondern legen weiterhin ihre Eier im angestammten Lebensraum ab. Dadurch können ganze Populationen erlöschen, sofern nicht rechtzeitig Pflegemaßnahmen eingeleitet werden. §

Hochalpenapollo

Parnassius phoebus · Familie Ritterfalter

Sehr ähnlich dem Roten Apollo, doch Flügel meist etwas gelblich getönt, auch Vorderflügel fast immer mit einem oder mehreren rot gekernten Flecken. Jun–Sep

Fühler kontrastreicher schwarz-weiß geringelt als beim R. A. Spannweite 50–60 mm.

Vorkommen Nur in den Alpen in der Nähe von Quellbächen, meist oberhalb von 2000 m; in den Zentralalpen (vor allem in der Schweiz) gebietsweise ziemlich häufig, in den deutschen Alpen sehr selten.

Wissenswert! Die Raupe des H. lässt sich nicht sicher von der des Roten Apollos unterscheiden, doch ist ihre seitliche Punktreihe meist gelb, seltener orange. Sie entwickelt sich am Bewimperten Steinbrech (*Saxifraga aizoides*), einer typischen Pflanze alpiner Quellfluren. Der Falter fliegt daher nicht nur in größerer Höhe, sondern meist auch in ganz anderen Lebensräumen als der Rote Apollo. Wie bei diesem sind die Tiere bei Wärme und Sonnenschein sehr flugfreudig und schwer zu fotografieren. In den Morgenstunden und bei kühlerem Wetter verhalten sie sich dagegen ausgesprochen „fotografenfreundlich“ und lassen sich z. B. leicht von einer Pflanze auf eine andere umsetzen. §

Roter Apollo

Hochalpenapollo

Artenverzeichnis

Bildquellen

Die Fotos stammen von Heiko Bellmann und Werner Zepf mit Ausnahme der folgenden:
Titelfoto: blickwinkel/J. Fieber
Frank Hecker: S. (2), 13, 20ul, 21ul, 22mr, 23ml, 23mr, 70u, 70ur, 71ul, 71ur, 75ol, 169ul, 169ur
jps/Shutterstock.com: S. 17
Hans Reinhard: S. 15
Die Grafiken des Buches stammen von Fritz Wendler (†) (einige seiner Raupenbilder kolorierte Steffen Walentowitz), sowie aus den Werken von K. Eckstein: „Die Schmetterlinge Deutschlands", 1., 2. und 5. Band, Stuttgart ab 1913; A. Spuler. „Die Raupen der Schmetterlinge Europas", 2. und 3. Auflage von E. Hofmanns gleichnamigen Werk, Stuttgart 1905; A. Spuler: „Die Großschmetterlinge Europas", 3 Bände, Stuttgart 1907–1910, E. Schweizerbart'sche Verlagsbuchhandlung, mit freundlicher Genehmigung.
Das Icon Natur aktiv stammt von: Boyko.Pictures/Shutterstock.com.
Das Icon Natur Tipp stammt von: Michaela Mayländer, www.sistermic.de.

Der Autor

Der Zoologe Dr. Heiko Bellmann (†), geboren 1950 war seit 1975 als wissenschaftlicher Mitarbeiter an der Universität Ulm tätig. Über vier Jahrzehnte befasste er sich intensiv mit der Fotografie der Insekten und Spinnentiere. Er veröffentlichte neben zahlreichen Beiträgen in Fachzeitschriften eine Reihe international anerkannter Naturführer zu seinem Themenkreis.

Der Herausgeber

Gunter Steinbach (†), geboren 1938, studierte bildende Künste in Hamburg und war Jahrzehnte im Verlagswesen tätig. Zuletzt lebte er auf seinem Einödhof im Allgäu, wo er sich praktisch und publizistisch der heimischen Natur widmete.

Haftungsausschluss

Die in diesem Buch enthaltenen Empfehlungen und Angaben sind von der vom Autor mit größter Sorgfalt zusammengestellt und geprüft worden. Eine Garantie für die Richtigkeit der Angaben kann aber nicht gegeben werden. Autor und Verlag übernehmen keine Haftung für Schäden und Unfälle. Bitte setzen Sie bei der Anwendung der in diesem Buch enthaltenen Empfehlungen Ihr persönliches Urteilsvermögen ein.

Bibliografische Information der Deutschen Nationalbibliothek

Die Deutsche Nationalbibliothek verzeichnet diese Publikation in der Deutschen Nationalbibliografie; detaillierte bibliografische Daten sind im Internet über http://dnb.d-nb.de abrufbar.

Wollgrasweg 41, 70599 Stuttgart (Hohenheim)
Email: info@ulmer.de
Internet: www.ulmer.de
Projektleitung: Ina Vetter, Christine Schneider, Helen Haas
Lektorat: Ulf Müller, Frank Hecker
Umschlagentwurf: siegel konzeption | gestaltung, Stuttgart
Herstellung: Silke Reuter
Innengestaltung: Michaela Mayländer, www.sistermic.de
XML-Workflow: pagina GmbH, Tübingen
Satz: Fotosatz Buck, Kumhausen/Hachelstuhl
Druck und Bindung: Livonia Print, Riga
Printed in Latvia

FSC www.fsc.org MIX Papier | Fördert gute Waldnutzung FSC® C002795

ISBN 978-3-8186-1418-8

STEINBACHS NATURFÜHRER

Tiere und Pflanzen zuverlässig und schnell bestimmen

3., akt. Auflage 2022. 384 Seiten, 775 Farbfotos, 535 Zeichnungen, kart. ISBN 978-3-8186-0725-8

3., akt. Auflage 2022. 192 Seiten, 526 Farbfotos, 18 Zeichnungen, kart. ISBN 978-3-8186-1419-5

3., akt. Auflage 2022. 192 Seiten, 518 Farbfotos, 440 Zeichnungen, kart. ISBN 978-3-8186-1421-8

5., akt. Auflage 2022. 192 Seiten, 445 Farbfotos, 288 Zeichnungen, kart. ISBN 978-3-8186-1420-1

Natur spielend entdecken

In diesem Naturführer finden Sie und Ihre Kinder über 200 Arten von Säugetieren, Vögeln, Eidechsen und Fröschen, Fischen, Insekten und anderen Krabbeltieren, von Blumen, Bäumen und Sträuchern. Die Texte sind bewusst kurz gehalten, dafür spannend, unterhaltsam und einprägsam. Forschertipps, Rezepte und Bau- und Bastelanleitungen bieten viele Tipps für Aktivitäten in der Natur.

Der große Naturführer für Kinder: Tiere und Pflanzen.

F. und K. Hecker. 2. Auflage 2020. 256 Seiten, 230 Farbfotos, 230 farbige Zeichnungen, kart. ISBN 978-3-8186-0914-6

Auf einen Blick: Die häufigsten Raupen

Gespinstmotte
⇨ S. 24

Weidenbohrer
⇨ S. 26

Großer Frostspanner
⇨ S. 30

Brauner Mönch
⇨ S. 52

Rotes Ordensband
⇨ S. 44

Ligusterschwärmer
⇨ S. 56

Mittlerer Weinschwärmer
⇨ S. 62

Großer Gabelschwanz
⇨ S. 68

Mondvogel
⇨ S. 66